化学综合实验

主　编　王学文
副主编　刘文明

科学出版社
北　京

内 容 简 介

本书分为四章，包含54个实验：第一章为化学综合实验的一般知识，是对即将开展化学综合实验学生的基本要求。第二章为基础化学综合实验，主要为多个化学分支学科的综合实验，以实验样品制备、试剂分析、大型仪器操作等为主。第三章为能源催化类化学综合实验，主要包含能源催化、清洁能源及太阳能利用等相关的化学综合实验。第四章为稀土类化学综合实验，主要为一些常见稀土功能材料和稀土催化材料等的制备、表征和性能测试等化学综合实验。

本书可供高等院校化学化工类相关专业的本科生使用。

图书在版编目（CIP）数据

化学综合实验 / 王学文主编. —北京：科学出版社，2019.12

ISBN 978-7-03-062364-5

Ⅰ. ①化… Ⅱ. ①王… Ⅲ. ①化学实验—高等学校—教材
Ⅳ. ①O6-3

中国版本图书馆CIP数据核字（2019）第206790号

责任编辑：赵晓霞 付林林 / 责任校对：杨 赛
责任印制：张 伟 / 封面设计：迷底书装

科学出版社 出版
北京东黄城根北街16号
邮政编码：100717
http：//www.sciencep.com
北京九州迅驰传媒文化有限公司 印刷
科学出版社发行 各地新华书店经销
*
2019年12月第 一 版 开本：720 × 1000 1/16
2023年 1 月第四次印刷 印张：11 1/2
字数：220 000

定价：49.00元

（如有印装质量问题，我社负责调换）

前　　言

为了跟随科学技术发展，使学生能够深入地了解学科前沿成果及现代化学化工应用，编者以南昌大学化学综合实验讲义为基础，引入最新的科研成果和生产实践，编撰了本书。化学综合实验不仅可以让学生充分利用所掌握的化学理论知识，而且通过相应的实验设计可以提升学生的独立解决问题能力以及创新能力。化学综合实验的设计区别于基础化学实验，通常需要利用多个学科的基础知识和实验技能才能较好地完成。因此，所编撰的化学综合实验为2～4个化学学科的交叉化学实验，能够有效利用学生的综合化学知识，提高学生的化学综合实验能力。本书也结合了热点科学研究和地区资源特点，着重增加了能源催化类及稀土化学类相关化学综合实验。

能源与催化是化学研究和生产的重要方向。很多化学专业学生将可能从事能源与催化相关的研究和生产实践。因此，能源催化类化学综合实验作为本书一个特色单列章节。该部分不再具有明显的某个基础化学学科实验的特征，主要为一些涉及能源相关的最新科技成果和以化学生产实践为背景的化学物质的制备、表征与测试等完整的化学实验过程。学生不仅需要熟练掌握样品的制备，还需要利用实验相关设备测试物质相关性能，对制备的样品做综合分析。稀土是现代工业的“维生素”，稀土类化学综合实验主要是围绕目前一些稀土相关研究及生产生活热点来设计和开展的综合性实验。这些特色化学综合实验设置既考虑当前的化学化工工业应用与生产，也将最新的科研成果融入其中，增加了实验的先进性、科学性和实用性。前沿科学的综合实验的结果不具有唯一性和标准性，它将更多地培养学生提出和解决实验问题的能力，使学生可以较好地了解目前化学研究的一些热点问题，有助于拓宽学生视野和提高学生的创新能力。

本书涵盖多个方向的化学综合实验，不同专业和学校可根据教学安排和实验条件选择适合的实验，开展相关实验教学，拓展和提升化学相关专业学生的综合实验技能。

本书实验部分的编写得到了肖卫明、邓瑞红、赵晓宏、乐治平、李越湘、雷学仿、邓锋杰、周力等老师的支持，在此表示衷心的感谢。

由于编者学识有限，书中难免存在不妥之处，敬请广大读者批评指正。

王学文

2019年6月

目　录

第一章　化学综合实验的一般知识

一、实验守则

（1）实验前必须认真预习有关实验的全部内容，并做好预习笔记。通过预习，明确实验目的和要求，以及实验的基本原理、步骤和有关的操作技术，熟悉实验所需的药品、仪器和装置，了解实验中的注意事项。

（2）做好一切准备工作后方能开始实验。

（3）必须遵守实验室的纪律和各项规章制度。实验中不准大声说笑，不擅离实验岗位，不乱拿乱放，不能将公物带出实验室，借用公物应自觉归还，损坏东西要如实登记，出现问题必须及时报告。

（4）实验进行中，必须严格按操作规程进行操作。仔细观察，积极思考，及时准确、实事求是地做好实验记录。

（5）遵从教师和实验室工作人员的指导，若有疑难问题或发生意外事故必须立即报告教师并及时解决和处理。

（6）应自始至终保持实验室的整洁。做到桌面、地面、水槽和仪器干净。

（7）公用仪器、药品和工具应在指定地点使用，用后立即归还原处并保持其整洁。节约水、电、气和药品。严格控制药品的规格和用量。

（8）实验完毕，必须及时做好后处理工作（包括清洗仪器、处理废物、检查安全等），将实验记录（合成实验要上交产品）交教师审阅。待教师签字后方可离开实验室。

（9）每次实验后，必须尽快、认真地完成实验报告。

（10）轮流值日，值日生负责整理公用仪器、打扫实验室卫生、清倒废物，并协助实验室工作人员检查和关好水、电、气及门窗。

二、实验室的安全

在应用化学实验中，经常使用易燃溶剂，有毒、有腐蚀性药品等，若使用不当，就有可能发生着火、爆炸、烧伤或中毒等事故。因此，进行应用化学实验时，必须注意安全。

各种事故的发生往往是不熟悉仪器、药品的性能，未按操作规程进行实验或麻痹大意所引起的。只要实验前充分预习，实验中认真操作，加强安全措施，事故是可以避免的。为了防止事故以及发生事故后能正确、及时地处理，学生应了解实验室的安全知识，并切实遵守。

（一）实验时的一般注意事项

（1）实验开始前，应按照要求认真地进行实验预习，仔细检查仪器是否完整无损，装置是否正确稳妥。

（2）实验中必须熟悉药品和仪器的性能及装配要点。弄清实验室内水、电、气的管线开关和各种钢瓶的标记，切忌弄错，禁止违章操作。

（3）实验进行时，要仔细观察，认真思考，如实记录实验情况，经常注意仪器有无漏气、碎裂和反应进行是否正常等。

（4）凡可能发生危险的实验，应采取必要的防护措施，如使用防护眼镜、面罩、手套等。

（5）实验进行中，各种药品不得散失或丢弃，反应中所产生的有害气体必须按规定进行处理，以免污染环境。

（6）严禁在实验室内吸烟、饮食。

（7）正确使用玻璃管、玻璃棒和温度计。

（8）熟练使用各种安全用具及有关材料。

（二）实验中事故的预防、处理和急救

1. 割伤

如果不慎发生割伤事故，要及时处理，先将伤口处的玻璃碎片取出。若伤口不大，用去离子水洗净伤口，再涂上红药水，撒上止血粉，用纱布包扎好。伤口较大或割破了主血管，则应用力按住主血管，防止大出血，及时送医院治疗。

2. 着火

预防着火要注意以下几点。

（1）不能用烧杯或敞口容器盛装易燃物，加热时，应根据实验要求及易燃物的特点选择热源，注意远离明火。

（2）尽量防止或减少易燃物的气体外逸，倾倒易燃物时要熄灭火源，且注意室内通风，及时排出室内的有机物蒸气。

（3）易燃及易挥发物不得倒入废液缸内。量大的要专门回收处理；量小的可倒入水槽用水冲走（与水有剧烈反应者除外，金属钠残渣要用乙醇销毁）。

（4）实验室不准存放大量易燃物。

（5）防止燃气管、燃气阀漏气。

（6）使用的保险丝要与实验室允许的用电量相符。

（7）电线的安全通电量应大于用电量。

（8）室内若有氢气等易燃易爆气体，应避免产生电火花。继电器工作和开关电闸时易产生电火花，要特别小心。电器接触点（如电插头）接触不良时，应及时修理或更换。

（9）如遇电线起火，应立即切断电源，用沙或二氧化碳灭火器、四氯化碳灭火器灭火，禁止用水或泡沫等导电液体灭火器灭火。

实验室如果发生着火事故，应沉着镇静、及时地采取措施，控制事故的扩大。首先，立即切断电源，移开未着火的易燃物。然后，根据易燃物的性质和火势设法扑灭。

常用的灭火器有二氧化碳、四氯化碳和泡沫灭火器等。干沙和石棉布也是实验室常用的灭火材料。

二氧化碳灭火器是化学实验室最常用的灭火器。灭火器内储放压缩的二氧化碳。使用时，一手提灭火器，另一手握在喷二氧化碳喇叭筒的把手上（不能手握喇叭筒，以免冻伤！），打开开关，二氧化碳即可喷出。这种灭火器灭火后的危害小，特别适用于油脂、电器及其他较贵重的仪器着火。

四氯化碳灭火器和泡沫灭火器虽然也具有比较好的灭火性能，但由于存在一些问题，使用受到限制。例如，四氯化碳在高温下能生成剧毒的光气，而且与金属钠接触会发生爆炸；泡沫灭火器喷出大量的硫酸氢钠、氢氧化铝，污染严重，给后处理带来麻烦。因此，除非特殊着火事故，一般不建议使用这两种灭火器。

无论使用哪一种灭火器，都是从火的周围开始向中心扑灭。

水在大多数场合下不能用来扑灭有机物的着火。因为一般有机物都比水轻，泼水后，火不但不熄，反而漂浮在水面燃烧，并随水流而蔓延。

地面或桌面着火，如火势不大，可用淋湿的抹布来灭火；反应瓶内有机物着火，可用石棉板盖住瓶口，火即熄灭；身上着火时，切勿在实验室内乱跑，应就近卧倒，用石棉布等把着火部位包起来，或在地上滚动以灭火。

3. 爆炸

实验时，仪器堵塞或安装不当；减压蒸馏使用不耐压的仪器；违章使用易爆物；反应过于剧烈，难以控制，都有可能引起爆炸。为了防止爆炸事故，应注意以下几点。

（1）常压操作时，切勿在封闭系统内进行加热或反应，在反应进行时，必须经常检查仪器装置的各部分有无堵塞现象。

（2）减压蒸馏时，不得使用机械强度不大的仪器（如锥形瓶、平底烧瓶、薄壁试管等）。必要时，要戴上防护面罩或防护眼镜。

（3）使用易燃易爆物（如氢气、乙炔和过氧化物）或遇水易燃烧爆炸的物质（如钾、钠等）时，应特别小心，严格遵守操作规程。

（4）若反应过于剧烈，要根据不同情况采取冷却和控制加料速度等措施。

（5）有些药品，如叠氮钠、乙炔银、乙炔铜、高氯酸盐、过氧化物等受震和受热都易引起爆炸，使用时要特别小心。

（6）严禁将强氧化剂和强还原剂存放在一起。

（7）久置的乙醚使用前应除去其中可能存在的过氧化物。

（8）必要时可设置防爆屏。

4. 中毒

化学药品大多具有不同程度的毒性，发生中毒的主要原因是皮肤或呼吸道接触有毒药品。在实验中，要防止中毒，应切实做到以下几点。

（1）药品千万不要沾在皮肤上，尤其是极毒的药品。实验完毕后应立即洗手。称量任何药品都应使用工具，不得用手直接接触。

（2）使用和处理有毒或腐蚀性物质时，应在通风橱中进行，并戴上防护用具，尽可能避免有机物蒸气扩散在实验室内。

（3）对沾染过有毒物质的仪器和用具，实验完毕后应立即采取适当方法处理以破坏或消除其毒性。

（4）禁止在实验室内饮食。饮食用具不能带进实验室，以防被毒物污染，离开实验室及饭前要洗净双手。

若药品溅到手上，通常用水或乙醇洗去。实验时若有中毒特征，应到空气新鲜的地方休息，最好平卧，出现其他较严重的症状，如头昏、呕吐、瞳孔放大时应及时送往医院。

5. 灼伤

皮肤接触高温（如热的物体、火焰、蒸气）、低温（如固体二氧化碳、液氮）和腐蚀性物质（如强酸、强碱等）都会造成灼伤。因此，实验时要避免皮肤与上述能引起灼伤的物质接触。取用有腐蚀性的化学药品时，应戴上橡皮手套和防护眼镜。

实验中发生灼伤，要根据不同的灼伤情况分别采取不同的处理方法。

（1）被酸或碱灼伤时，应立即用大量水冲洗。酸灼伤用 1% Na_2CO_3 溶液冲洗；碱灼伤则用 1% H_3BO_3 溶液冲洗，最后再用水冲洗。严重者要消毒灼伤面，并涂抹软膏，送医院就医。

（2）被溴灼伤时，应立即用 2% $Na_2S_2O_3$ 溶液洗至伤处呈白色，然后用甘油加以按摩。

（3）如被灼热的玻璃烫伤，应在患处涂以正红花油，然后擦一些烫伤软膏。

（4）除金属钠等与水剧烈反应的药品外的任何药品溅入眼内，都要立即用大量水冲洗。冲洗后，如果眼睛仍未恢复正常，应马上送医院就医。

6. 汞的安全使用

汞中毒分急性和慢性两种。急性中毒多为高汞盐（如 $HgCl_2$）入口所致，0.1～0.3g 即可致死。吸入汞蒸气会引起慢性中毒，症状有：食欲不振、恶心、便秘、贫血、骨骼和关节疼、精神衰弱等。汞蒸气的最大安全浓度为 $0.1mg/m^3$，而 20℃时汞的饱和蒸气压为 0.0012mmHg（$1mmHg = 1.33322\times10^2Pa$），饱和汞蒸气浓度为 $13.18mg/m^3$，超过安全浓度 100 多倍，所以使用汞必须严格遵守安全用汞操作规定。

（1）不要让汞直接暴露于空气中，储汞的容器应在汞面上加盖一层水。

（2）装汞的仪器下面一律放置浅瓷盘（盘内装水），防止汞滴散落到桌面和地面上。

（3）一切转移汞的操作也应在浅瓷盘（盘内装水）上进行。

（4）实验前要检查装汞的仪器是否放置稳固。橡皮管或塑料管连接处要缚牢。

（5）储汞的容器要用厚壁玻璃器皿或瓷器。用烧杯暂时盛汞，不可多装以防破裂。

（6）若有汞掉落在桌上或地面上，先用吸汞管尽可能将汞珠收集起来，然后将硫磺盖在汞溅落的地方，并摩擦使其生成 HgS。也可用 $KMnO_4$ 溶液使其氧化。

（7）擦过汞或汞齐的滤纸或布必须放在有水的瓷缸内。

（8）盛汞器皿和有汞的仪器应远离热源，严禁把有汞仪器放进烘箱。

（9）使用汞的实验室应有良好的通风设备，纯化汞应有专用的实验室。

（10）手上若有伤口，切勿接触汞。

7. 防止触电

（1）不用潮湿的手接触电器。

（2）电源裸露部分应有绝缘装置（如电线接头处应裹上绝缘胶布）。

（3）所有电器的金属外壳都应保护接地。

（4）实验时，应先连接好电路后再接通电源。实验结束时，先切断电源再拆线路。

（5）安装或修理电器时，应先切断电源。

（6）不能用试电笔试高压电。使用高压电源应有专门的防护措施。

（7）如有人触电，应迅速切断电源，然后进行抢救。

8. 高压钢瓶的使用及注意事项

1）气体钢瓶的颜色标记

我国气体钢瓶常用的标记如表 1-1 所示。

表 1-1　我国气体钢瓶常用的标记

气体类别	瓶身颜色	标字颜色	字样
氮气	黑	黄	氮
氧气	天蓝	黑	氧
氢气	浅绿	红	氢
压缩空气	黑	白	压缩空气
二氧化碳	铝白	黑	二氧化碳
氦气	银灰	深绿	氦
液氨	黄色	黑	氨
氯气	深绿	白	氯
乙炔	白	红	乙炔
氟氯烷	铝白	黑	氟氯烷
石油气体	银灰	红	石油气
粗氩气体	黑	白	粗氩
纯氩气体	银灰	深绿	纯氩

2）气体钢瓶的使用

（1）在气体钢瓶上安装配套的减压阀。检查减压阀是否关紧，方法是逆时针旋转调压手柄至螺杆松动为止。

（2）打开气体钢瓶总阀门，此时高压表显示出瓶内储气总压力。

（3）慢慢地顺时针转动调压手柄，至低压表显示出实验所需压力为止。

（4）停止使用时，先关闭总阀门，待减压阀中余气逸尽后，再关闭减压阀。

3）注意事项

（1）气体钢瓶应存放在阴凉、干燥、远离热源的地方。可燃性气体钢瓶应与氧气瓶分开存放。

（2）搬运气体钢瓶要小心轻放，钢瓶帽要旋上。

（3）使用时应安装减压阀和压力表。可燃性气体（如氢气、乙炔）钢瓶气门螺丝为反丝；不燃性或助燃性气体（如氮气、氧气）钢瓶为正丝。各种压力表一般不可混用。

（4）不要让油或易燃有机物沾染气体钢瓶（特别是气体钢瓶的出口和压力表）。

（5）开启总阀门时，不要将头或身体正对总阀门，防止阀门或压力表冲出伤人。

（6）钢瓶内气体不能全部用尽，要留下一些气体，一般应保持 0.5MPa 表压以上的残留压力，以防止外界空气进入气体钢瓶，重新充气时发生危险。

（7）使用中的气体钢瓶每三年应检查一次，装腐蚀性气体的钢瓶每两年检查一次，不合格的气体钢瓶不可继续使用。

（8）氢气瓶应放在远离实验室的专用小屋内，用紫铜管引入实验室，并安装防止回火的装置。

9. 实验室常用的急救药品及器具

（1）医用酒精、红药水、止血粉、龙胆紫、凡士林、玉树油、烫伤膏、H_3BO_3溶液（1%）、Na_2CO_3溶液（1%）、$Na_2S_2O_3$溶液（2%）等。

（2）医用镊子、剪刀、纱布、药棉、绷带等。

三、常用玻璃仪器

1. 注意事项

化学玻璃仪器一般由钾或钠玻璃制成，使用时要注意以下几点。

（1）使用玻璃仪器时要轻拿轻放。

（2）加热玻璃仪器时至少要垫石棉网（试管加热有时可例外）。

（3）厚壁玻璃器皿（如抽滤瓶）不耐热，不能加热；锥形瓶不能在减压条件下使用；广口容器（如烧杯）不能储放有机溶剂；计量容器（如量筒）不能高温烘烤。

（4）使用玻璃仪器后要及时清洗、干燥（不急用的，一般以晾干为好）。

（5）具有旋塞的玻璃器皿清洗后，在旋塞与磨口之间应放纸片，以防黏结。

（6）不能用温度计作为搅拌棒，温度计用后应缓慢冷却，特别是用有机液体作膨胀液的温度计，由于膨胀液黏度较大，冷却快了液柱会断线；不能用冷水冲洗热温度计，以免炸裂。

由于玻璃仪器的容量及用途不一，标准磨口仪器有不同的编号，通常标准磨口有10、14、19、24、29、34、40、50等。这些编号是指磨口最大端直径数值（单位：mm）。相同编号的内外磨口可以紧密连接。磨口仪器也可用两个数字表示磨口大小，如14/30表示该磨口仪器最大直径为14mm，磨口长度为30mm。有时两种玻璃仪器因磨口编号不同，无法直接连接，则可借助于不同编号的磨口接头使其连接。过滤时也常使用玻璃砂芯漏斗，其规格及用途见表1-2。

表1-2　玻璃砂芯漏斗的规格及用途

国际标准	国家标准	滤板孔径/μm	一般用途
P250	G00	160～250	滤出大颗粒沉淀
P160	G0	100～160	滤出粗颗粒沉淀，收集和分布气体分子
P100	G1A	70～100	处理水
P70	G1	50～70	滤出大沉淀物及胶状沉淀物
P50	G2	30～50	滤出大沉淀物及气体洗涤用
P30	G3	16～30	滤出细沉淀物及水银过滤用

续表

国际标准	国家标准	滤板孔径/μm	一般用途
P16	G4A	7～16	滤出细颗粒沉淀，收集和分布细分子气体
P7	G4	4～7	滤出液体中细或极细沉淀物
P4	G5	2～4	滤出极细物质沉淀，以及较大杆菌
P2	G6	1.2～2.0	滤出大肠杆菌及葡萄球菌

使用标准磨口仪器时应注意下列事项。

（1）磨口必须洁净，不得沾有固体物质，否则会使磨口对接不紧密，甚至损坏磨口。

（2）用后应立即拆卸洗净，否则放置太久，磨口的连接处会黏结，很难拆开。

（3）一般使用时，磨口无须涂润滑剂，以免沾污反应物或产物，若反应物中有强碱，则应涂润滑剂，以免磨口连接处因碱腐蚀而黏结，无法拆开。对于减压蒸馏，所有磨口应涂润滑剂以达到密封的效果。

（4）安装磨口仪器时，应注意整齐、正确，使磨口连接处不受歪斜的应力，否则仪器易破裂。

（5）洗涤磨口时，应避免用去污粉擦洗，以免损坏磨口。

2. 清洗

在进行实验时，应养成仪器用毕立即洗净的习惯，清洁的玻璃仪器可以避免杂质对反应的影响，污物沾留时间过长会增加洗涤难度。

洗涤仪器的最简易方法是用毛刷和洗衣粉擦洗，再用清水冲干净。将仪器倒置，器壁不挂水珠，即已洗净，可供一般实验用。

有些有机反应残留物为胶状或焦油状，用洗衣粉很难洗净，这时可根据具体情况采用规格较低或回收的有机溶剂（如乙醇、丙酮、苯和乙醚等）浸泡，或用稀氢氧化钠溶液、浓硝酸煮沸除去。但不能盲目使用无机试剂和有机溶剂来洗涤仪器，以免造成浪费或危险。

实验室里有时也用铬酸洗液洗涤仪器，铬酸洗液呈红棕色，经长期使用变成绿色时，表明已失效。在使用铬酸洗液前，应把仪器上的污物，特别是还原性物质尽量洗净。一般少用洗液，因为有机物多具有还原性，易使洗液失效。使用洗液时要注意安全。

3. 仪器的干燥

进行化学实验的玻璃仪器除要洗净外，常常还应干燥，干燥仪器简单的方法有以下几种。

（1）晾干：将洗净的仪器倒立放置，让其在空气中自然晾干，即可供大多数化学实验使用。

（2）在烘箱中烘干。

（3）用热空气吹干。

（4）使用有机溶剂干燥。

将洗净的仪器用少量丙酮荡洗几次，最后使用电吹风依次用冷风—热风—冷风吹干，即可使用。

四、实验药品的准备

1. 药品规格的选定

常用化学试剂根据其纯度不同，分成不同的规格。我国生产的试剂一般分为四种级别，见表 1-3。

表 1-3　我国生产的试剂级别

试剂级别	中文名称	代号	瓶签颜色	使用要求
一级品	优级纯	GR	绿色	用于基准物质，主要用于精密的科学研究和分析鉴定
二级品	分析纯	AR	红色	主要用于一般科学研究和分析鉴定
三级品	化学纯	CP	蓝色	用于要求较高的有机化学实验和无机化学实验，也常用于要求较低的分析化学实验
四级品	实验试剂	LR	棕色、黄色或其他	主要用于普通的实验和科学研究，有时也用于要求较高的工业生产中

除上述一般试剂外，还有一些特殊要求的试剂，如指示剂、生化试剂和超纯试剂等。这些都应在瓶签上注明。

试剂级药品的纯度较高，工业品则含有较多的杂质。药品的纯度越高，价格越贵，在选定实验药品级别时，既要考虑实验的要求，又要考虑节约的原则。在不影响实验结果的前提下，常用低级别的药品而不用高级别的药品。

2. 试剂的纯化

在化学分析、仪器分析、无机制备、有机合成及其他科学实验工作中经常会遇到所用的化学试剂纯度不够，或买不到所需纯度的化学试剂，这就需要在实验室将现有的化学试剂进行纯化，以便得到所需纯度的化学试剂。在实验之前进行试剂的纯化，对于保证实验成功具有重要的意义。

五、实验预习、实验原始记录、设计及实验报告

1. 实验预习情况检查方式

要求学生在实验前必须做好实验预习，否则不允许参加实验。实验预习检查主要包括以下两个方面的内容。

（1）检查实验预习报告。

实验预习报告包括实验目的、实验原理、实验所需仪器与药品、实验步骤等。

（2）提问形式。

教师在实验前检查学生的实验预习情况，可采取口头提问的方式了解学生对实验的预习情况。

2. 化学综合实验原始记录卡

实验名称：

学号：　　　　姓名：　　　　　实验桌号：　　　　　　日期：

一、主要试剂及用量

二、实验步骤及现象

实验步骤及现象记录表

时间	步骤	现象

三、实验结果（产品数量、性状、外观和产率）

四、存在的问题

指导教师：

年　月　日

3. 化学综合实验设计报告要求

实验名称：

学号：　　　　姓名：　　　　　实验桌号：　　　　　　日期：

一、实验目标产物的名称及理化性质

二、实验研究背景和现状（列出引用的文献及方法）

三、文献方法的分析比较和选择（要求写出所选方法的理由）

四、选用方法所需的试剂（包括试剂必要的物理化学常数）和仪器

五、实验步骤

六、实验中需要注意的方面

七、实验结果表征的文献值及标准谱图

4. 化学综合实验报告要求

实验报告是实验工作的全面总结，是教师考核学生实验成绩的主要依据。实验报告是学生分析、归纳、总结实验数据，讨论实验结果并把实验获得的感性认识上升为理性认识的过程。实验报告要用规定的实验报告纸书写，要求语言通顺、图表清晰、分析合理、讨论深入，处理数据应由每人独立进行，不能多人合写一份报告。实验报告要真实反映实验结果，不得伪造。

具体包括如下内容：

（1）实验题目、实验者姓名、班级和实验日期。

（2）实验目的和要求。

（3）主要实验仪器、设备与材料。

（4）实验原理。

（5）实验步骤（流程图）。

（6）实验原始记录。

（7）实验数据计算结果。

（8）结果分析。

（9）思考题。

（10）实验心得与体会。

第二章　基础化学综合实验

实验一　聚乙烯醇缩甲醛胶水的制备

一、实验目的

（1）了解聚合化学反应的基本特点。

（2）掌握聚乙烯醇缩甲醛胶水的制备方法。

二、实验原理

聚乙烯醇（PVA）与甲醛在氢离子的催化作用下发生缩合反应。聚乙烯醇与甲醛的缩合反应是分步进行的，首先形成半缩醛，并在氢离子存在条件下转化成碳正离子，然后与相邻的羟基作用而得到缩醛。

聚乙烯醇缩甲醛胶水最初只是代替糨糊及动植物胶、文具胶等使用，后来又应用到壁纸、玻璃、瓷砖等的粘贴，目前作为胶黏剂也广泛应用于内外墙涂料、水泥地面涂料的基料等，是一种常见的有机胶水。

三、仪器与试剂

仪器：三口烧瓶（250mL）、球形冷凝管、搅拌器、恒温水浴锅、滴液漏斗、温度计等。

试剂：聚乙烯醇、37%甲醛水溶液、1∶4（体积比）盐酸、8%氢氧化钠溶液、去离子水等。

四、实验步骤

（1）将 7g 聚乙烯醇和 70mL 去离子水加入 250mL 三口烧瓶中，95℃水浴加热，搅拌使聚乙烯醇全部溶解，溶解后将水浴温度降至 85℃。

（2）加入 0.5mL 盐酸（1∶4），将溶液的 pH 调整到 1～3 后，加入 3mL 甲醛水溶液（37%），将水浴温度调至 90℃，搅拌 40～60min，溶液逐渐变稠。此过程可取少许产品试验其黏结性。

（3）当有满意的黏结性后，立即加入 1.5mL 的 8%氢氧化钠溶液，调节反应体系的 pH 为 8～9，冷却后将无色透明黏稠的液体从三口烧瓶中倒出，即聚乙烯醇缩甲醛胶水。

五、实验结果

获得聚乙烯醇缩甲醛胶水，用于纸张黏合，评价其黏合效果。

六、注意事项

（1）整个反应过程中搅拌要充分均匀，当体系变黏稠出现气泡或有絮状物产生时应立即加入氢氧化钠溶液，终止反应。

（2）做好防护工作，整个反应需在通风橱中进行，并佩戴防护用品。

七、思考与讨论

（1）如何加速聚乙烯醇的溶解？

（2）最后加入氢氧化钠溶液的作用是什么？

（3）聚乙烯醇缩甲醛的改性原理是什么？

八、参考文献

陈长宝，汪建民，艾仕云，等. 2015. 综合化学实验——聚乙烯醇缩甲醛胶水的制备与分析. 广东化工，42（21）：5-6.

柯丽军，黄仕锋. 2005. 聚乙烯醇缩甲醛的研制. 贵州化工，30（5）：18-19.

实验二　黄连素的提取及其紫外-可见吸收光谱分析

一、实验目的

（1）掌握采用回流法从黄连中提取黄连素。

（2）了解紫外-可见分光光度计的工作原理，学习仪器的使用方法。

二、实验原理

黄连为一种常见中草药，抗菌能力很强，对急性结膜炎、口疮、急性细菌性痢疾等均有很好的疗效。黄连素是黄色针状晶体，微溶于水和乙醇，较易溶于热水和热乙醇中，几乎不溶于乙醚。在自然界中，黄连素多以季铵盐的形式存在，其盐酸盐、氢碘酸盐、硫酸盐、硝酸盐形式均难溶于冷水，但易溶于热水，且各种盐的纯化都比较容易。

紫外-可见吸收光谱可用于物质的吸收光谱测定、溶液的浓度分析及有机物的结构鉴定。它主要能提供有机物中电子结构方面的信息。在相同的测定条件下，指定波长处的吸光度值与物质的浓度成正比，因此紫外-可见吸收光谱也能用于定量分析。检测和记录紫外及可见吸收光谱的仪器称为紫外-可见光谱仪或紫外-可见分光光度计（只能检测紫外光区域的仪器称为紫外光谱仪或紫外分光光度计）。具有共轭双键的化合物或芳香族化合物能产生强吸收，是紫外-可见吸收光谱的主要研究对象。黄连素的分子结构中含有取代的苯环和异喹啉环，可以采用紫外-可见吸收光谱法测定。

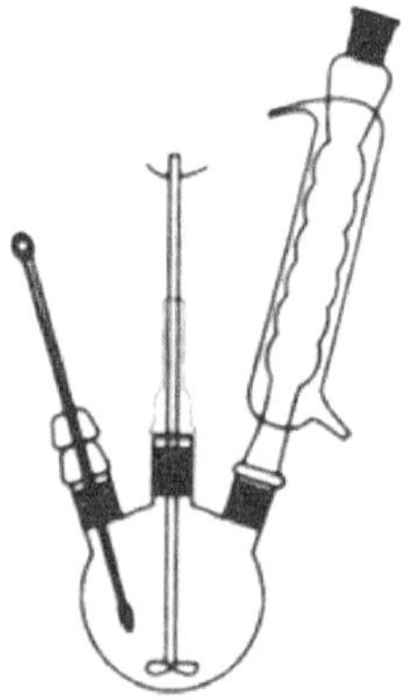

图 2-1　回流装置示意图

三、仪器与试剂

仪器：球形冷凝管、圆底烧瓶（250mL）、温度计、恒温水浴锅、减压蒸馏器、烘箱、紫外-可见分光光度计等；回流法采用搅拌回流装置，如图 2-1 所示。

试剂：黄连、1%乙酸、无水乙醇、浓盐酸、去离子水等。

四、实验步骤

（1）黄连素的提取。首先称取 15g 中药黄连切碎、研磨，放入圆底烧瓶中，加入 100mL 无水乙醇，按图 2-1 所示安装球形冷凝管，50℃水浴加热回流 0.5h，冷却、静置、抽滤。将滤渣重新回流、抽滤，合并所得滤液，通过减压蒸馏获得棕红色糖浆状物。

（2）黄连素的提纯。加入1%乙酸40mL于所获得的糖浆状物中，加热使其溶解，抽滤去除不溶物。然后在所得溶液中滴加浓盐酸约10mL，至溶液浑浊为止，用冰水冷却，将有黄色针状晶体析出，即黄连素盐酸盐。如果晶体不纯，可再用水重结晶一次。再次抽滤，结晶物用冰水淋洗两次，再用丙酮淋洗一次。在烘箱中50℃下烘干、称量，获得纯化后的黄连素。

（3）严格按照紫外-可见分光光度计操作说明开启设备，并进行样品测定。参数设置：波长扫描范围为200～600nm；扫描速度为600nm/min；测量模式为吸光度（Abs）等。以水为溶剂测定黄连素：将去离子水注入石英比色皿并放入空白对比池架，作为参比。然后，将另一比色皿装上水和少量黄连素样品混合物（搅拌均匀），放入样品池架。开始测定样品，并从计算机中导出数据，绘图分析。

五、实验结果

（1）用电子天平称量纯化后黄连素晶体。

（2）根据紫外-可见吸收光谱的基本原理和黄连素的分子结构，解释黄连素紫外-可见吸收光谱图中各个吸收带是由哪种电子跃迁形成的。

六、注意事项

（1）黄连素的提取回流应充分，如果两次不完全，可重复提取。

（2）滴加浓盐酸前，应将不溶物去除干净，否则将影响样品纯度。

（3）采用紫外-可见分光光度计测试样品时，必须首先对空白样品（水）进行基线校正，以消除水对紫外光吸收的影响。

（4）测量水和黄连素的混合物时，黄连素的量要尽量少，因为紫外-可见吸收光谱非常灵敏，用少量样品即可。

七、思考与讨论

（1）黄连素为哪种生物碱类的化合物？

（2）紫外-可见吸收光谱还可以用于分析哪些化合物？

八、参考文献

胡东华，袁绪福. 2006. 黄连素的提取及分子活性部位研究. 长春中药学院学报，22（1）：67.

兰州大学. 2010. 有机化学实验. 3版. 北京：高等教育出版社.

余园媛，王伯初，彭亮，等. 2006. 黄连的药理研究进展. 重庆大学学报（自然科学版），29（2）：107-111.

实验三　甲基丙烯酸甲酯的本体聚合

一、实验目的

（1）了解本体聚合的原理，熟悉有机玻璃的制备方法。

（2）观察引发剂的不同用量对聚合速率的影响。

（3）了解聚合温度对产品质量的影响。

二、实验原理

甲基丙烯酸甲酯通过本体聚合方法可以制得有机玻璃。有机玻璃由于有庞大的侧基存在，为无定形固体，其最突出的性能是具有高度的透明性。它的密度小，故其制品比同体积的无机玻璃制品轻巧得多。同时，有机玻璃又具有一定的耐冲击强度与良好的耐热性能，是航空工业与光学仪器制造工业的重要原料。有机玻璃表面光滑，在一定的弯曲限度内，光线可在其内部传导而不逸出，故外科手术中利用它把光线输送到口腔、喉等用于照明。有机玻璃的电性能良好，是很好的绝缘材料。

甲基丙烯酸甲酯是在过氧化苯甲酰引发剂存在下，进行如下聚合反应：

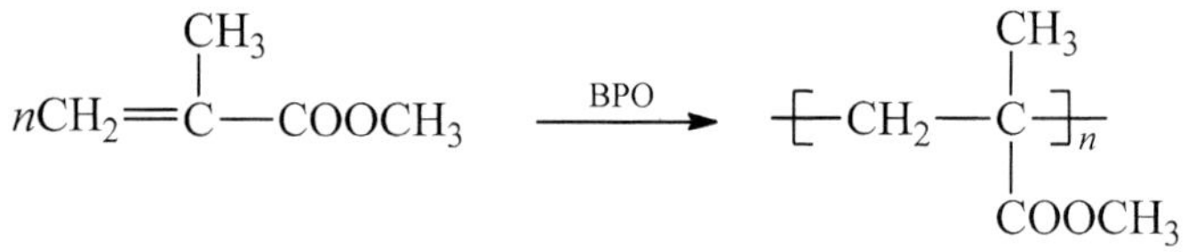

甲基丙烯酸甲酯在过氧化苯甲酰引发剂存在下的聚合反应符合自由基聚合的一般变化规律。聚合反应开始前有一段诱导期，聚合速率为零，体系无黏度变化，在转化率超过20%之后，聚合速率显著加快，而转化率达80%以后，聚合速率显著减小，最后几乎停止聚合。若要进一步提高单体的转化率，需要升高温度使其聚合完全。

三、仪器与试剂

仪器：恒温水浴锅、锥形瓶（250mL）、温度计（100℃）、烧杯（500mL）、烘箱、量筒、模具、电子天平等。

试剂：甲基丙烯酸甲酯（新蒸）、偶氮二异丁腈（AIBN，重结晶）、过氧化苯甲酰（重结晶）、甲醇、氯仿、去离子水等。

四、实验步骤

1. 引发剂浓度对聚合反应的影响

（1）取 6 支 10mL 试管，预先用洗液、自来水、去离子水依次洗涤干净，烘干备用。

（2）按表 2-1 加入引发剂和单体，为防止水汽进入试管，用封口膜将口封好。

表 2-1　引发剂浓度对聚合反应的影响

序号	偶氮二异丁腈/mg	甲基丙烯酸甲酯/mL	引发剂浓度/(mol/L)	变黏时间/min	不流动时间/min
1	16	3			
2	4	3			
3	1	3			
4	0.25	3			
5	0	3			
6	BPO	3			

注：序号 1～4 配法为用电子天平称取偶氮二异丁腈约 21.3mg，加 4mL 甲基丙烯酸甲酯，此时 3mL 甲基丙烯酸甲酯中有 16mg 偶氮二异丁腈。用移液管吸出 3mL 注入聚合管 1 中，余下 1mL 加入 3mL 纯甲基丙烯酸甲酯，搅匀后吸出 3mL 注入聚合管 2 中，依此类推至聚合管 4。序号 6 中加入过氧化苯甲酰的量为单体质量的 0.1%

（3）将封好的聚合管同时放入（90±0.1）℃恒温水槽（记下放入时间），每隔一定时间（开始为 5min，后为 10min）观察聚合情况，分别记录聚合管中甲基丙烯酸甲酯变黏（以含 10%水的甘油作为标准）的时间，以及聚合至不流动的时间。

2. 聚合转化率（质量分数）测定

（1）取 2 支试管各加入 3mL 甲基丙烯酸甲酯（加入 4mg 偶氮二异丁腈），用封口膜封好，放入 60℃恒温槽（记下时间）。

（2）聚合至黏（以含 10%水的甘油作为标准）时，取出其中一支，用冷水冷却后，将聚合液慢慢倒入 20mL 甲醇中（先不要搅拌）。用滴管吸取约 0.5mL 氯仿加入聚合管，洗净后倒入甲醇中，轻轻搅拌，尽量使白色聚合物分散，放置 0.5h 后，用 3 号玻璃砂芯漏斗过滤，在 60℃烘箱中干燥 4～6h。

取出玻璃砂芯漏斗，稍冷后称得质量为 W_2，将聚合物取出后，再称玻璃砂芯漏斗，质量为 W_1，以 W_1、W_2 计算转化率。

（3）聚合至不流动时，取出另一支聚合管，冷水冷却后，加入约 2mL 氯仿，搅拌均匀后倒入约 30mL 甲醇中，其他操作同（2）。

注：为了节省时间，也可以从表 2-1 中任选两支试管，一支在变黏时取出，另一支在不流动时取出，分别用甲醇沉淀聚合物。

3. 甲基丙烯酸甲酯的铸板聚合

（1）平板模具的准备。取两片平板玻璃，洗净，烘干（注意不能有尘埃、污斑和水珠），按图 2-2 所示夹好聚乙烯塑料管，做成浇铸用的模具。

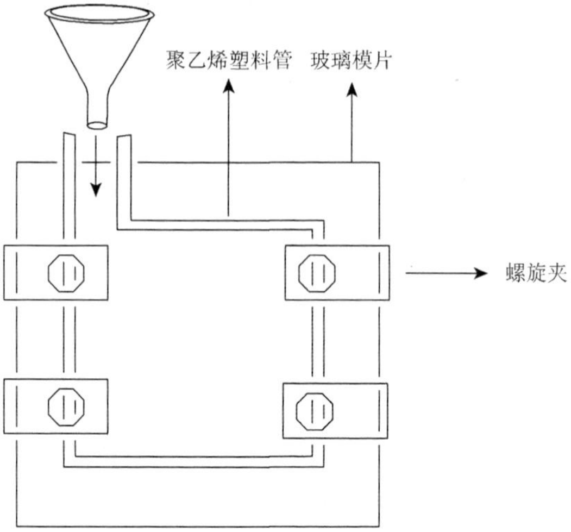

图 2-2　甲基丙烯酸甲酯本体聚合所用的平板模具

（2）取 20g 新蒸馏过的甲基丙烯酸甲酯单体于干净的锥形瓶中，加入引发剂过氧化苯甲酰（为单体质量的 0.1%）。为使水汽不进入锥形瓶内，上面可盖一层封口膜，用橡皮圈扎紧，放入 80～90℃水浴加热。当体系呈黏稠状时，立即停止加热，用冷水冷却至室温。

（3）灌铸。通过用封口膜折叠的漏斗，将上面所得的预聚物灌入模中，灌浆时要小心，不要溢至模外。

（4）聚合。灌完模后，置于 40℃烘箱中继续进行聚合，约需 24h，然后升温，分别在 60℃、80℃、100℃保温 1h。

（5）脱模。模具由烘箱取出后，在空气中冷却至 60～70℃，然后用冷水冷却，螺旋夹旋开，即得光滑、无色、透明的有机玻璃。

五、实验结果

按下式计算转化率：

（1）变黏时转化率：聚合物转化率 $=\dfrac{W_2-W_1}{3\times d}\times 100\%$，其中，$d$ 为甲基丙烯酸甲酯室温下的密度，0.94g/mL。

（2）不流动时转化率：聚合物转化率 $=\dfrac{W_4-W_3}{3\times d}\times 100\%$，其中，$W_4$ 和 W_3 分别为有聚合物和没有聚合物时玻璃砂芯漏斗的质量，g。

（3）计算变黏时转化率和不流动时转化率，观察有机玻璃板是否透明，分析实验结果。

六、注意事项

（1）仪器要干燥。

（2）预聚时不要剧烈振荡锥形瓶，以减少氧气在单体中的溶解。

（3）灌模时预聚物中如有气泡，应设法排除。

（4）聚合物比相应单体的密度大，在聚合反应过程中会发生体积收缩。因此，在浇铸聚合时应注意控制预聚合的单体转化率。而且在后聚合过程中，若温度控制不好易导致收缩不均匀，使聚合物的光折射率不均匀及产生局部皱纹，影响产品质量。

（5）预聚合时要控制温度不能太高，防止发生爆聚。

七、思考与讨论

（1）甲基丙烯酸甲酯聚合至黏及不流动时，实验结果、转化率分别是多少？聚合体系刚至不流动时，是否进入了自动加速阶段？

（2）如何选择沉淀剂？重量法测转化率的优点是什么？

（3）本体聚合与其他聚合方法比较，有什么特点？简述本体聚合的特点及相应的工业实施方法。

（4）制备有机玻璃时，为什么需要首先制成具有一定黏度的预聚物？

（5）在本体聚合反应过程中，为什么必须严格控制不同阶段的反应温度？

（6）凝胶效应进行完毕后，升高反应温度的目的是什么？

八、参考文献

珊瑚化工厂. 1979. 有机玻璃（及同类聚合物）. 上海：上海人民出版社.

实验四　有机玻璃的合成

一、实验目的

（1）掌握有机玻璃（聚甲基丙烯酸甲酯，PMMA）合成的原理及方法。

（2）学习由热敏引发剂引发的聚合反应的机理。

（3）初步了解增塑剂的作用。

二、实验原理

甲基丙烯酸甲酯（MMA）在一定条件下引发聚合，生成无色透明的固态聚合物，产品对可见光的透光率达 90%～92%，外观很像玻璃，故有有机玻璃之称。该反应属于自由基引发的聚合反应。所用的引发剂为某种可以分解产生自由基的化合物，有光敏引发剂（受光照分解产生自由基）和热敏引发剂（受热分解产生自由基）之分。本实验所用的过氧化苯甲酰（BPO）属于后者，它受热均裂产生两个苯甲酰基自由基，进而转化为两个苯基自由基并放出二氧化碳，由此引发多重键的聚合。

反应中还加入了适量的邻苯二甲酸二丁酯作为增塑剂。增塑剂的作用在于改善聚合物的机械性能以利于成品的加工和使用。一般认为高聚物的大分子链由于相互强烈吸引而紧密地凝聚在一起，宏观上表现为刚性，难于加工。若聚合前加入增塑剂，则增塑剂的极性部分受大分子链中的极性部分吸引而留在聚合物中，其非极性部分则支撑于大分子链间，使大分子链间的距离增大，吸引力削弱，增强了大分子链的可移动性，从而使聚合物表现出一定的弹性和柔韧性，也较易加工。

制备有机玻璃一般采用本体聚合。本体聚合是指在不加溶剂或稀释剂的情况下直接由单体进行的聚合反应。其主要优点是产品纯度高，有较好的光学和电学性能，且可直接聚合成所需的形状。聚合的关键性技术问题是散热问题。反应初期，体系黏度不大，散热尚不困难。随着反应的进行，聚合度增加，黏度加大，反应热不易散发，反应就会自动加速，极易造成局部过热而产生气泡、变色甚至爆聚。所以，工业上常采用分级升温聚合的方法来解决散热问题。在微型的实验条件下，反应生成热不多，散热问题并不难解决。

三、仪器与试剂

仪器：小试管、移液管、注射器（或取液器）、Eppendorf 管、恒温水浴锅、分光光度计等。

试剂：过氧化苯甲酰、甲基丙烯酸甲酯、邻苯二甲酸二丁酯等。

四、实验步骤

（1）称取过氧化苯甲酰 10mg 于一支洁净干燥的小试管中，用移液管移入甲基丙烯酸甲酯 0.3mL。

（2）用注射器或取液器注入邻苯二甲酸二丁酯 36μL，充分振荡试管使过氧化苯甲酰完全溶解。小心地将所得溶液注入一支小号的 Eppendorf 管中，盖好盖子。

（3）将 Eppendorf 管放入 80℃恒温水浴锅中恒温反应 50～60min。

（4）取出 Eppendorf 管，放冷（也可放入冷水浴中冷却），用剪刀剪去管的尖底，用一根坚硬的金属丝插入剪口将制成品推出，得一锥状的有机玻璃锭。

五、实验结果

（1）测量有机玻璃锭的尺寸。

（2）用分光光度计测试有机玻璃的透光率。

六、注意事项

（1）Eppendorf 管是一种塑料制作的尖底带盖的样品管，形状像普通的离心管，有多种规格。在 Eppendorf 管中制得的有机玻璃光洁透明，无气泡。

（2）如无恒温水浴，也可用普通的烧杯水浴，维持大体相同的温度和时间。

七、思考与讨论

（1）有机玻璃与普通玻璃相比较，优点是什么？缺点又是什么？

（2）有时候制备的有机玻璃透光性较差，主要原因是什么？

八、参考文献

潘祖仁. 2003. 高分子化学. 北京：化学工业出版社.

王久芬. 1998. 高分子化学实验. 北京：兵器工业出版社.

实验五　邻羟基苯乙酮的合成

一、实验目的

（1）掌握邻羟基苯乙酮的制备方法。

（2）巩固萃取、无水操作、减压蒸馏等基本操作。

二、实验原理

黄酮具有显著的生理活性、抗菌和抗炎作用，在植物体内具有抗病作用。邻羟基苯乙酮则是黄酮合成过程中的重要中间体，其反应式如下：

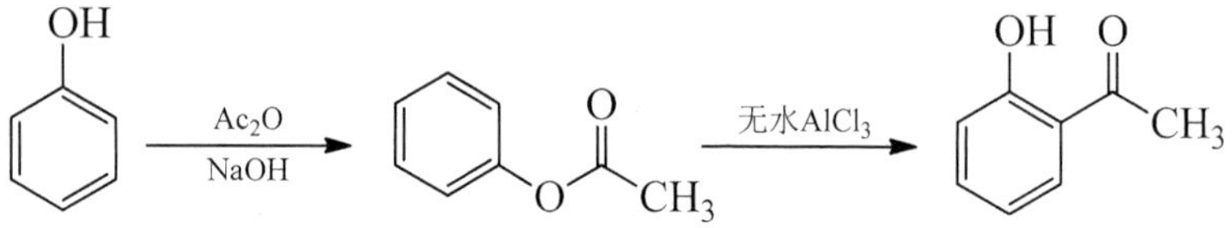

三、仪器与试剂

仪器：分析天平、圆底烧瓶、球形冷凝管、温度计、磁力搅拌器、锥形瓶、分液漏斗、抽滤瓶、酒精灯等。

试剂：氢氧化钠、乙酸酐、甲苯、苯酚、无水三氯化铝、无水硫酸镁、盐酸、去离子水等。

四、实验步骤

1. 乙酸苯酚酯的合成

首先，将 3g 氢氧化钠、5mL 水和 4.7g 苯酚加入 100mL 圆底烧瓶中，搅拌溶解。然后，加入 25g 碎冰，搅拌条件下，分别滴加 7mL 乙酸酐和 5mL 甲苯溶液，立即有油状物形成。将乳浊液转入分液漏斗中，依次用 5mL 甲苯提取 3 次，合并提取液。用 10mL 3%的氢氧化钠溶液洗涤 2 次，再用 10mL 水洗涤 2 次。最后，采用无水硫酸镁干燥，滤出干燥剂，即获得乙酸苯酚酯的甲苯溶液。

2. 邻羟基苯乙酮的合成

将 5.1g 无水三氯化铝加入 50mL 圆底烧瓶中，在不断搅拌下滴加制备的乙酸苯酚酯的甲苯溶液，有较强烈的放热现象，同时颜色变为橙红色。滴加完毕后停止搅拌，用酒精灯将回流溶液的温度维持在 130～160℃，并保持 0.5～1.0h。冷却至室温，加入 20mL 5%的盐酸，使固体逐渐溶解，呈棕色油状物。分 3 次用 5mL

甲苯提取，合并提取液，然后用无水硫酸镁干燥。蒸除溶剂后，采用水蒸气蒸馏，收集馏分后分液，并用无水硫酸镁干燥，滤出干燥剂，得到淡黄色黏稠状液体产物。

五、实验结果

观察所获得样品的形貌特征，并称其质量。

六、注意事项

（1）特别注意酒精灯的使用，不允许中途添加酒精。

（2）蒸馏过程中注意水蒸气，避免烫伤。

七、思考与讨论

（1）乙酸苯酚酯的合成中为什么要加入碎冰？为什么可以这么做？

（2）邻羟基苯乙酮的合成中加入盐酸时出现的固体是什么？

（3）在合成邻羟基苯乙酮时，如果乙酸苯酚酯的量较少，如何进行操作？

八、参考文献

刘宝殿. 2005. 化学合成实验. 北京：高等教育出版社.

实验六　咖啡因的红外吸收光谱测定

一、实验目的

（1）了解傅里叶变换红外光谱仪的工作原理，学习红外吸收光谱的使用方法。

（2）掌握常用的固态物质红外光谱制样方法——溴化钾压片法。

（3）学习利用红外吸收光谱对有机物结构进行定性鉴定的方法。

二、实验原理

红外吸收光谱是有机物结构鉴定的重要方法之一，它主要能提供有机物中所含官能团等信息。

测定红外吸收光谱时，不同类型的样品须采用不同的制样方法。固态样品一般可采用压片法和糊状法制样。压片法是将样品与溴化钾粉末混合研磨细且匀后，压制成厚度约为1mm的透明薄片；糊状法是将样品研磨成足够细的粉末，用液态石蜡或四氯化碳调成糊状，将糊状物薄薄地均匀涂布在溴化钾晶片上。由于石蜡和四氯化碳本身在红外吸收光谱中有吸收，所以在解析谱图时要将它们产生的吸收峰扣除。

测绘样品的红外吸收光谱图仅仅是化合物结构鉴定工作的第一步，更重要的是对红外吸收光谱图进行解析。红外吸收光谱图中有很多吸收峰，含有丰富的结构信息，但其中有许多还不能准确地解释。对于初学者来说，主要应掌握4000～1500cm^{-1}官能团特征频率区的吸收峰和1500cm^{-1}以下一些重要吸收峰的归属，并学会红外标准谱图的查阅或标准谱库的计算机检索方法。

三、仪器与试剂

仪器：傅里叶变换红外光谱仪、红外灯、不锈钢镊子和样品刮刀、玛瑙研钵、试样纸片、压模、压片机、磁性样品架等。

试剂：本书实验十七中提取的咖啡因、溴化钾粉末等。

四、实验步骤

（1）按照傅里叶变换红外光谱仪的操作说明，开启设备。

（2）压片法制样。取1～2mg干燥试样放入玛瑙研钵中，加入100mg左右的溴化钾粉末，磨细研匀。按照顺序放好压模的底座、底模片、试样纸片和压模体，然后将研磨好的含试样的溴化钾粉末小心地放入试样纸片中央的孔中，将压杆插入压模体，插到底后轻轻转动使加入的溴化钾粉末铺匀。把整个压模放到压片机的工作台垫板上，旋转压力丝杆手轮压紧压模，顺时针旋转放油阀到底，缓慢上下压动压把，观察压力表。当压力达到 1×10^5～1.2×10^5kPa 时，停止加压，维持 2～3min，逆时针旋转放油阀，压力解除，压力表指针回到“0”。放松压力丝杆手轮，取出压模，即可得到固定在试样纸片孔中的透明晶片。将试样纸片小心地放在磁性样品架的正中间，压上磁性片。制好的试样供下一步收集样品图时用。

（3）绘制试样咖啡因的红外吸收光谱图并进行标准谱库检索。整个过程包括：①设定收集参数；②收集背景；③收集样品图；④对所得试样谱图进行基线校正、标峰等处理；⑤标准谱库检索；⑥打印谱图。

（4）收集样品图完成后，从样品室中取出样品架，并用浸有无水乙醇的脱脂棉将用过的研钵、镊子、刮刀、压模等清洗干净，置于红外灯下烘干，以备制作下一个试样。

五、实验结果

（1）对照试样的结构，对红外吸收光谱图中的吸收峰进行归属。4000～1500cm^{-1} 区域的每一个峰都应讨论，小于 1500cm^{-1} 的吸收峰选择主要的进行归属。

（2）记录计算机标准谱库检索的结果，并对检索结果进行分析和讨论。

六、注意事项

（1）制样时，试样量过多，制得的试样晶片太厚，透光率差，导致收集到的谱图中强峰超出检测范围；试样量过少，制得的试样晶片太薄，收集到的谱图信噪比差。

（2）红外吸收光谱实验应在干燥的环境中进行，因为红外光谱仪中的一些透光部件由溴化钾等易溶于水的物质制成，在潮湿的环境中极易损坏。另外，水本身能吸收红外光产生强的吸收峰，干扰试样的谱图。

七、思考与讨论

（1）化合物的红外吸收光谱是怎样产生的？它能提供哪些重要的结构信息？

（2）为什么甲基的伸缩振动出现在高频区？

（3）仅靠红外吸收光谱解析能否得到未知物的准确结构？为什么？

（4）含水的样品是否能直接测定其红外吸收光谱？为什么？

八、参考文献

陈允魁. 1993. 红外吸收光谱法及其应用. 上海：上海交通大学出版社.

杨捷，宋继梅，方芳. 2009. 红外光谱法测定咖啡因的含量. 安徽大学学报（自然科学版），33（1）：85-89.

实验七　光化学降解亚甲基蓝有机染料

一、实验目的

（1）学会使用紫外-可见分光光度计测定溶液浓度的变化。

（2）掌握光化学分解有机污染物的基本操作过程。

（3）通过有机物光催化分解的过程了解多相催化，以及溶液浓度对化学反应速率的影响。

二、实验原理

随着人类社会的快速发展，环境污染问题越发突出，特别是人类赖以生存的水资源正遭受日益严重的污染，因此水污染的净化与处理成为当今人类社会亟须解决的主要问题之一。在水污染的净化处理过程中，对于有机污染物采用常规的沉淀、过滤等方式难以有效地去除。而光化学降解有机物是一种有效地利用太阳能将有机污染物分解成水和二氧化碳等产物的环境友好型处理途径，也是目前绿色化学和无机化学研究的前沿和热点。

如图 2-3 所示，半导体氧化物二氧化钛纳米粒子受到大于禁带宽度能量的光子照射后，电子从价带跃迁到导带，产生了电子-空穴对，电子具有还原性，空穴具有氧化性，空穴与氧化物半导体纳米粒子表面的—OH 反应生成氧化性很高的·OH 自由基，活泼的·OH 自由基可以把许多难降解的有机物氧化为二氧化碳和水等无机物。

反应装置如图 2-4 所示，将二氧化钛通过磁力搅拌均匀地分散在亚甲基蓝水

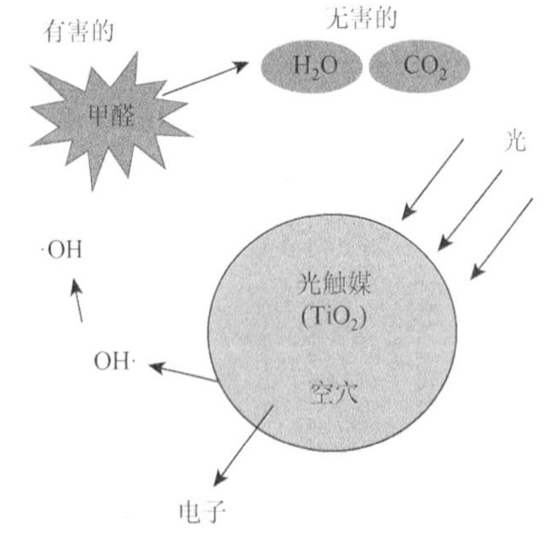

图 2-3　二氧化钛光催化降解有机污染物的过程示意图

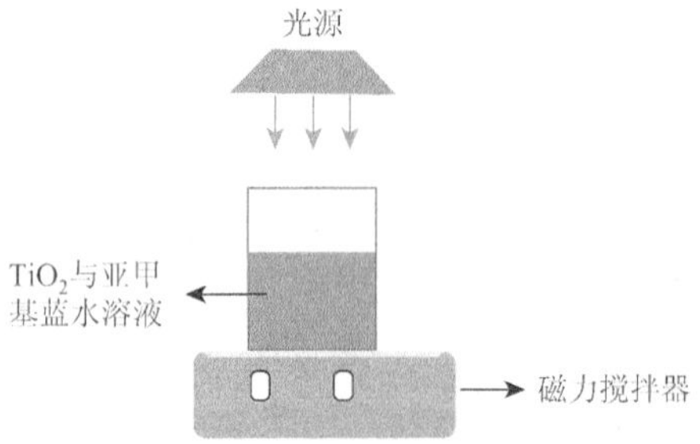

图 2-4　二氧化钛光催化降解亚甲基蓝装置示意图

溶液中，采用光辐照二氧化钛产生光生电子与空穴，与有机污染物——亚甲基蓝发生氧化还原反应，将亚甲基蓝主要分解为水和二氧化碳。在不同光照时间取样，采用紫外-可见分光光度计分析残余亚甲基蓝的浓度，获得随光照时间变化的光降解速率。

三、仪器与试剂

仪器：紫外-可见分光光度计、氙灯（300W）、磁力搅拌器、烧杯、移液管、电子天平、秒表、量筒等。

试剂：亚甲基蓝、二氧化钛（P25）、去离子水等。

四、实验步骤

（1）先配制不同浓度的亚甲基蓝溶液，根据亚甲基蓝水溶液的标准曲线。采用紫外-可见分光光度计测试所配制溶液的实际浓度。

（2）称量 100mg 二氧化钛粉体，加入 100mL 上述溶液中并磁力搅拌形成悬浊液。将悬浊液先在暗处搅拌 10min 达到吸附平衡，并取样 5mL。

（3）将悬浊液转移到氙灯下光照，并持续磁力搅拌。每隔 10min 采用移液管取溶液 5mL，并观测溶液颜色的变化，光照 40min 后结束实验。将取样溶液离心后，采用紫外-可见分光光度计测试溶液中残余亚甲基蓝的浓度。

五、实验结果

绘制亚甲基蓝浓度随光照时间变化的曲线。

六、注意事项

不要用眼睛直接注视氙灯光源，以防强光刺伤眼睛。

七、思考与讨论

（1）所采用亚甲基蓝的浓度与降解速率有什么关联？

（2）亚甲基蓝光化学分解的反应方程式应该是什么？

（3）二氧化钛在整个过程中起什么作用？二氧化钛的使用量与亚甲基蓝的降解速率有什么关联？

（4）所使用光强对光降解有什么影响？

八、参考文献

蔡伟民，龙明策. 2011. 环境光催化材料与光催化净化技术. 上海：上海交通大学出版社.

高濂，郑珊，张青红. 2002. 纳米氧化钛光催化材料及应用. 北京：化学工业出版社.

桥本和仁，藤岛昭. 2007. 图解光催化技术大全. 邱建荣，朱从善，译. 北京：科学出版社.

张金龙. 2004. 光催化. 上海：华东理工大学出版社.

实验八　金属有机骨架材料 UiO-66 的合成及染料吸附性能测试

一、实验目的

（1）了解金属有机骨架（metal-organic framework，MOF）材料的结构特征及其合成过程。

（2）掌握水热法合成原理及方法。

（3）了解影响染料吸附性能的各种因素。

二、实验原理

纺织工业的发展带动了染料生产的发展。调查表明，全世界每年生产的染料超过 70 万 t，其中有 2%直接进入水体以废水的形式排出，10%在随后的纺织染色过程中损失。染料废水的成分复杂、水质变化大、色度深、浓度大、处理困难。染料废水的处理方法有很多，主要包括氧化法、吸附法、膜分离法、絮凝法、生物降解法等。这些方法各有优缺点，其中吸附法是利用吸附剂对废水中污染物的吸附作用去除污染物。吸附剂是多孔性物质，具有很大的比表面积。

金属有机骨架材料是一种由金属盐和有机配体通过配位键互相连接而形成的多孔有机-无机杂化材料。近年来，由于金属有机骨架材料具有较大的比表面积、孔径可控和骨架易功能化等特点，在多孔材料（分子筛、活性炭等）研究中受到了越来越多的关注，尤其是气体存储、气体分离和催化等领域的应用研究。UiO-66 是 2008 年由挪威奥斯陆大学研究开发的一种含有 Zr 的金属有机骨架材料。该材料是由含 Zr 的正八面体与 12 个有机配体对苯二甲酸配位连接而成，形成了拥有八面体中心孔笼和 8 个四面体角笼结构的三维骨架，这两类孔笼之间通过三角窗口相连接。它的热稳定性较好（超过 500℃），是目前金属有机骨架材料中稳定性最好的材料之一。本实验采用 UiO-66 吸附法直接处理亚甲基蓝模拟染料废水，探求最佳处理工艺条件，为寻求吸附法处理染料废水的新途径提供研究基础。

三、仪器与试剂

仪器：100mL 聚四氟乙烯反应釜、电子天平、磁力搅拌器、超声波清洗机、烘箱、离心机、烧杯、移液管、水质快速测定仪［化学需氧量（COD）］等。

试剂：四氯化锆（$ZrCl_4$）、对苯二甲酸、*N*, *N*-二甲基甲酰胺（DMF）、甲醇、冰醋酸、亚甲基蓝、去离子水等。

四、实验步骤

1. UiO-66 的制备

（1）称量 100mg $ZrCl_4$ 和 71.3mg 对苯二甲酸于 100mL 烧杯中，加入 50mL DMF，超声 10min 使其溶解。

（2）用移液管移取 9.15mL 冰醋酸，加入上述溶液并超声 10min，然后转入 100mL 聚四氟乙烯反应釜中，放入 120℃烘箱中反应 24h，之后取出冷却至室温。

（3）倒掉上清液，将白色固体转入 50mL 离心管中，9000r/min 离心 5min，用 DMF 洗涤三次。

（4）得到的白色固体用甲醇浸泡 3d，每隔 24h 更换一次新鲜甲醇，离心，80℃下真空干燥过夜。

2. 吸附性能测试

（1）在 100mL 浓度为 40ppm（$1ppm = 10^{-6}$）的亚甲基蓝溶液中，加入一定质量的 UiO-66，搅拌一段时间后取一定量的溶液，离心，通过水质快速测定仪测定上清液中亚甲基蓝的含量。

（2）改变 UiO-66 的质量，重复上述（1）的步骤，得到不同质量的 UiO-66 对亚甲基蓝吸附性能的影响。

（3）从 25℃到 70℃改变温度，重复上述（1）的步骤，得到温度对 UiO-66 吸附性能的影响。

五、实验结果

（1）记录不同时间取样的 COD 值，通过标准曲线得到每个取样点时亚甲基蓝的浓度。

（2）以 c_1/c_0 对时间（t）作图，了解随着 UiO-66 质量及温度的变化，UiO-66 对亚甲基蓝的吸附性能的改变。

（3）COD 去除率的测定。COD 去除率 $=(COD_0 - COD_1) \times 100\%/COD_0$，其中，$COD_0$ 为染料废水的初始 COD；COD_1 为吸附后染料废水的 COD。

（4）采用重铬酸钾法测定吸附前后染料废水的 COD，计算吸附前后溶液中染料的含量。

六、注意事项

（1）所用有机试剂较多，需要佩戴手套等防护用具，注意安全。

（2）水热合成过程中注意高温，正确使用高温反应釜。

七、思考与讨论

（1）在 UiO-66 合成过程中，使用甲醇浸泡的作用是什么？

（2）重铬酸钾法测定水样 COD 的原理是什么？

（3）与其他传统吸附材料相比，UiO-66 作为吸附剂的优点是什么？

八、参考文献

刘强. 2016. 金属有机骨架材料 UiO-66 的制备及表征. 云南化工，43(6)：1-7.

张小璇，叶李艺，沙勇，等. 2005. 活性炭吸附法处理染料废水. 厦门大学学报（自然科学版），44（4）：542-545.

Wang R，Gu L N，Zhou J J，et al. 2015. Quasi-polymeric metal-organic framework UiO-66/*g*-C_3N_4 heterojunctions for enhanced photocatalytic hydrogen evolution under visible light irradiation. Advanced Materials Interfaces，2（10）：1500037.

实验九　对氨基苯甲酸乙酯的合成

一、实验目的

（1）掌握对氨基苯甲酸乙酯的合成方法。

（2）掌握氧化、酯化和还原反应的原理及基本操作。

二、实验原理

对氨基苯甲酸乙酯为局部麻醉药，外用为撒布剂，用于手术后创伤止痛、溃疡痛、一般性瘙痒等。它的俗名为苯佐卡因，为白色结晶性粉末，味微苦而麻；易溶于乙醇，极微溶于水，化学结构式为

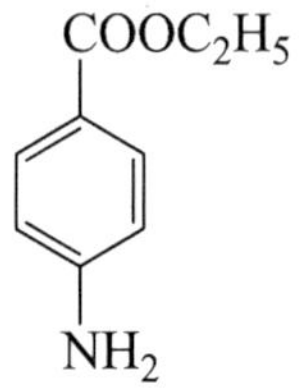

合成路线如下：

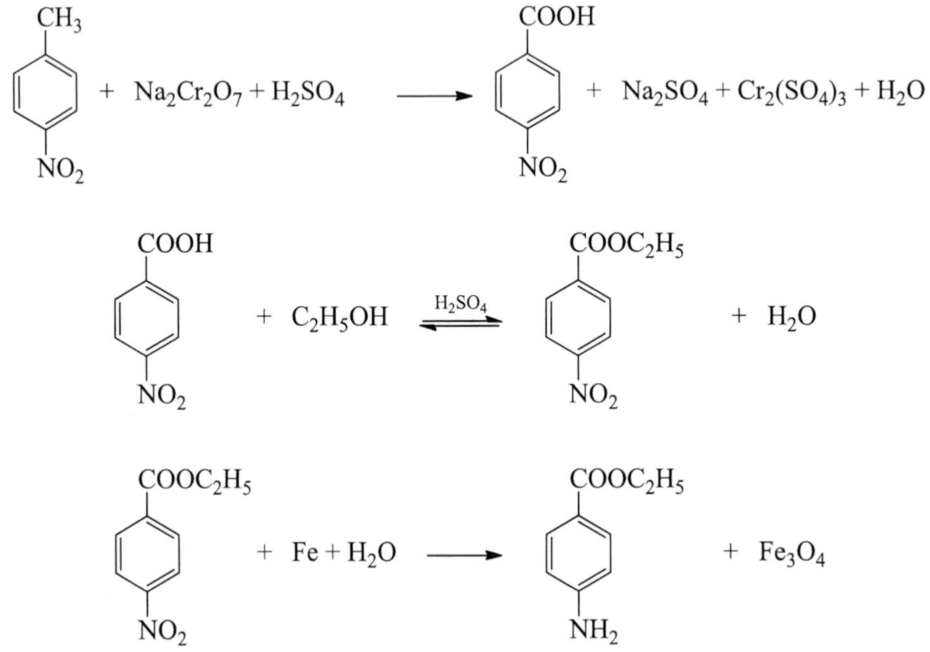

三、仪器与试剂

仪器：三口烧瓶（250mL）、烧杯、圆底烧瓶、加热套、油浴锅、球形冷凝管、滴液漏斗、布氏漏斗、抽滤瓶、分液漏斗、循环水泵、烘箱等。

试剂：二水合重铬酸钠、对硝基甲苯、浓硫酸、氢氧化钠、氯仿、盐酸、冰醋酸、氯化铵、铁粉、无水乙醇、碳酸钠、活性炭、去离子水等。

四、实验步骤

1. 对硝基苯甲酸的制备（氧化）

在装有搅拌棒和球形冷凝管的三口烧瓶中，加入二水合重铬酸钠 23.6g，水 50mL，搅拌使重铬酸钠溶解后，加入 8g 对硝基甲苯，然后用滴液漏斗滴加 32mL 浓硫酸。滴加完毕，加热保持反应液微沸 60～90min。若反应过程中，球形冷凝管中有白色针状的对硝基甲苯析出，调小冷凝水，使其熔融。冷却后，将反应液倾入 80mL 冷水中，抽滤。残渣用 45mL 水洗涤三次。将滤渣转移到烧杯中，加入 35mL 5%的硫酸后，置于沸水浴上加热 10min 并搅拌，冷却后抽滤，滤渣溶于 70mL 温热的 5%氢氧化钠溶液中，在 50℃左右抽滤，滤液加入活性炭 0.5g 脱色（5～10min），趁热抽滤。冷却，在充分搅拌下，将滤液慢慢倒入 50mL 15%的硫酸中，抽滤、洗涤、干燥得产品，计算产率。

2. 对硝基苯甲酸乙酯的制备（酯化）

在干燥的圆底烧瓶（100mL）中加入对硝基苯甲酸 6g，无水乙醇 24mL，逐渐加入 2mL 浓硫酸，振摇使混合均匀，装上附有氯化钙干燥管的球形冷凝管，油浴加热回流 80min（油浴温度控制在 100～120℃）；稍冷，将反应液倾入 100mL 水中，抽滤；滤渣移至研钵中，研细，加入 5%碳酸钠溶液 10mL（由 0.5g 碳酸钠和 10mL 水配制），研磨 5min，测 pH（检查反应物是否呈碱性），抽滤，用少量水洗涤，干燥，计算产率。

3. 对氨基苯甲酸乙酯的制备（还原）

（1）A 法。在装有搅拌棒及球形冷凝管的 250mL 三口烧瓶中，加入 35mL 水、2.5mL 冰醋酸和 8.6g 已经处理过的铁粉，开动搅拌，加热至 95～98℃并反应 5min，稍冷，加入对硝基苯甲酸乙酯 6g 和 95%乙醇 35mL，在剧烈搅拌下，回流反应 90min。稍冷，在搅拌下，分次加入温热的碳酸钠饱和溶液（由 3g 碳酸钠和 30mL 水配制），搅拌片刻，立即抽滤（布氏漏斗需预热），滤液冷却后析出晶体，抽滤，产品用稀乙醇洗涤，干燥得粗品，计算产率。

（2）B 法。在装有搅拌棒及球形冷凝管的 100mL 三口烧瓶中，加入 25mL 水、0.7g 氯化铵和 4.3g 铁粉，直火加热至微沸，活化 5min。稍冷，慢慢加入对硝基苯甲酸乙酯 5g，充分剧烈搅拌，回流反应 90min。待反应液冷至 40℃左右，加入少量碳酸钠饱和溶液调至 pH 为 7～8，加入 30mL 氯仿，搅拌 3～5min，抽滤；用 10mL 氯仿洗三口烧瓶及滤渣，抽滤，合并滤液，倾入 100mL 分液漏斗中，静置分层，弃去水层，氯仿层用 90mL 5%盐酸分三次萃取，合并萃取液（氯仿回收），用 40%氢氧化钠调至 pH 为 8，析出晶体，抽滤，得粗品，并计算产率。

4. 精制

将粗品置于装有球形冷凝管的 100mL 圆底烧瓶中，加入 10～15 倍（mL/g）50%乙醇，在水浴中加热溶解。稍冷，加活性炭脱色，加热回流 20min，趁热抽滤（布氏漏斗、抽滤瓶应预热）。将滤液趁热转移至烧杯中，自然冷却，待晶体完全析出后，抽滤，用少量 50%乙醇洗涤两次，压干，干燥，测熔点，计算产率。

五、实验结果

（1）利用红外吸收光谱法、标准物薄层层析（TLC）对照法确定合成的物质。

（2）利用核磁共振光谱法检测样品并确定产物是否为对氨基苯甲酸乙酯。

六、注意事项

（1）氧化反应过程中使用 5%氢氧化钠处理滤渣时，温度应保持在 50℃左右，若温度过低，对硝基苯甲酸钠会析出而被滤去。

（2）酯化反应须在无水条件下进行，如有水进入反应系统中，产率将降低。无水操作的要点是：原料干燥无水；所用仪器、量具干燥无水；反应期间避免水进入反应瓶。

（3）对硝基苯甲酸乙酯及少量未反应的对硝基苯甲酸均溶于乙醇，但均不溶于水。反应完毕，将反应液倾入水中，乙醇的浓度降低，对硝基苯甲酸乙酯和对硝基苯甲酸便会析出。这种分离产物的方法称为稀释法。

（4）还原反应过程中，因铁粉密度大，沉于瓶底，必须将其搅拌起来，才能使反应顺利进行，故充分剧烈搅拌是铁粉还原反应的重要影响因素。A 法中所用的铁粉需要预处理，方法为：称取铁粉 10g 置于烧杯中，加入 2%盐酸 25mL，在石棉网上加热至微沸，抽滤，水洗至 pH 5～6，烘干，备用。

七、思考与讨论

（1）氧化反应完毕，将对硝基苯甲酸从混合物中分离出来的原理是什么？

（2）酯化反应为什么需要无水操作？

（3）铁粉还原反应的机理是什么？

八、参考文献

杜志强. 2005. 综合化学实验. 北京：科学出版社.

宗汉兴. 2000. 基础化学实验. 杭州：浙江大学出版社.

实验十　水热法制备纳米二氧化钛

一、实验目的

（1）了解水热法制备纳米二氧化钛的原理、方法和操作。

（2）掌握根据实验原理选择实验装置的一般方法。

二、实验原理

二氧化钛在自然界中存在三种晶体结构：金红石型、锐钛矿型和板钛矿型，其中金红石型和锐钛矿型二氧化钛均具有光催化活性，尤以锐钛矿型的光催化活性最佳，两种晶体结构如图 2-5 所示。

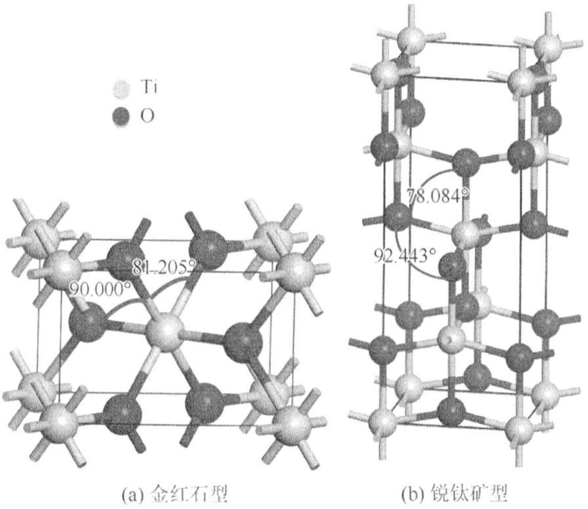

图 2-5　二氧化钛的晶体结构

二氧化钛的用途极为广泛，目前已经用于化工、环保、医药卫生、电子工业等领域。纳米二氧化钛具有良好的紫外线吸收能力，且具有很好的光催化作用，因而可以用作织物的抗紫外和抗菌的整理剂。

纳米二氧化钛的制备原理如下：

$$Ti(OC_4H_9)_4 + 2H_2O \rightleftharpoons TiO_2 + 4C_4H_9OH$$

可分为两个独立的反应，即

$$Ti(OC_4H_9)_4 + xH_2O \rightleftharpoons Ti(OC_4H_9)_{4-x}(OH)_x + xC_4H_9OH$$

$$Ti(OC_4H_9)_{4-x}(OH)_x + Ti(OC_4H_9)_4 \longrightarrow (OC_4H_9)_{4-x}TiO_xTi(OC_4H_9)_{4-x} + xC_4H_9OH$$

当 $x = 4$ 时，水解完全，反应为可逆反应，因此在反应过程中要有足够量的水来保证醇盐水解完全。

三、仪器与试剂

仪器：磁力加热反应器、水热反应釜、烧杯、量筒、电子天平、烘箱等。

试剂：钛酸四丁酯［$Ti(OC_4H_9)_4$，化学纯］、十二胺（化学纯）、氨水（稀释至 30%）、无水乙醇（分析纯）、pH 试纸、二次蒸馏水等。

四、实验步骤

（1）在盛有 0.5g 表面活性剂十二胺的烧杯中加入 20mL 二次蒸馏水，在磁力搅拌下使之充分溶解（可以适当加热）。

（2）加入氨水调节 pH 至 10。迅速加入钛酸四丁酯（$M_r = 340.36$）溶液，使 Ti^{4+}的浓度为 0.25mol/L，搅拌 30min，生成胶状沉淀。

（3）将烧杯中沉淀物放入水热反应釜（内衬聚四氟乙烯的不锈钢反应釜）内，置于烘箱中，于 120℃加热 4h，取出水热反应釜，自然冷却至室温。

（4）取出生成物，分别用二次蒸馏水和无水乙醇洗涤，洗至中性，并在 80℃下干燥，得到纳米二氧化钛。

五、实验结果

（1）称量，计算产率。

（2）本实验制备的纳米二氧化钛为白色粉末，晶体结构为锐钛矿型。

六、注意事项

（1）加完钛酸四丁酯后（可能会出现液体边缘稍微变白，如无明显白色块状属于正常现象），立即加入无水乙醇，防止钛酸四丁酯吸收空气中的水分而水解。

（2）由于环境温度的影响，如果 1h 后还未成为具有一定黏度的溶胶，则可以适当加热（45～60℃）促进溶胶的形成，但防止加热时间过长形成凝胶。

七、思考与讨论

（1）制备纳米二氧化钛还有哪些方法？

（2）表面活性剂十二胺的作用是什么？

八、参考文献

陈春英，等. 2014. 二氧化钛纳米材料的制备、表征及安全应用. 北京：科学出版社.

罗春华，董秋静，张宏. 2015. 材料化学专业综合实验. 北京：机械工业出版社.

实验十一　化学法制备氧化石墨烯

一、实验目的

（1）掌握化学法制备氧化石墨烯的方法。

（2）了解合成氧化石墨烯的基本原理。

二、实验原理

氧化石墨烯及氧化石墨烯基复合材料备受各个研究领域的关注。虽然氧化过程在一定程度上破坏了石墨烯的高度共轭结构，但是却使产物具有较大的比表面积和层状结构。利用氧化石墨烯作为原材料，经过不同的加工处理手段，可以获得具有特殊性能的石墨烯基衍生物与复合物。通过对氧化石墨烯的剪裁与功能化可以赋予石墨烯新的性质，进一步拓展石墨烯衍生物的应用范围。氧化石墨烯作为合成石墨烯基复合材料的前驱物与支撑基底，易功能化，可控性高。在与其他纳米材料的复合过程中，可以提供大的比表面积来有效分散附着材料，防止其发生团聚，同时提高其光学、电学或力学性质。氧化石墨烯及其复合材料具有广泛的应用前景，可用作催化剂载体、阻燃材料和表面活性剂等。然而，作为一类新兴的碳材料，氧化石墨烯具有较大的研究空间，仍有很多未知领域需要探索。首先，需要了解氧化石墨烯自身差异性。其次，实现氧化石墨烯的功能化和发掘丰富的石墨烯基衍生物是近年来研究者的研究热点。最后，石墨烯基纳米复合材料的开发与拓展也是研究者竞相追逐的焦点。

石墨在硫酸、硝酸、高氯酸等强酸和少量氧化剂的共同作用下可形成最低阶石墨层间化合物，这种低阶石墨层间化合物在过量强氧化剂，如高锰酸钾、高氯酸钾等的作用下，可继续发生深度液相氧化反应，产物水解后即为氧化石墨烯。

三、仪器与试剂

仪器：电子天平、恒温水浴锅、磁力搅拌器、真空循环水泵、离心机、滴液漏斗、布氏漏斗、抽滤瓶、圆底烧瓶、量筒、搅拌磁子、温度计等。

试剂：鳞片石墨、98%浓硫酸、高锰酸钾、硝酸钠、30%过氧化氢、35%浓盐酸、去离子水等。

四、实验步骤

（1）用电子天平称量 4g 鳞片石墨和 4g 硝酸钠放入圆底烧瓶中，放入搅拌磁子，再称量 24g 高锰酸钾备用。将圆底烧瓶放在磁力搅拌器上，用碎冰块在圆底烧瓶周围制造出 0℃左右的冰浴环境。

（2）用量筒量取 192mL 98%浓硫酸并缓缓倒入圆底烧瓶中，打开磁力搅拌器开始搅拌，使瓶中的物质充分均匀混合。

（3）10min 后开始加入高锰酸钾，保持低温并持续搅拌，0.5h 内缓慢且均匀地将高锰酸钾加入圆底烧瓶中。

（4）把冰浴换成 35℃的恒温水浴锅，打开磁力搅拌器上的恒温开关，持续搅拌 120min 并恒温在 35℃。将圆底烧瓶中溶液转移到大烧杯中，用滴液漏斗逐滴加入 160mL 去离子水。再倒入 400mL 去离子水，加入 20mL 30%双氧水搅拌 15～30min，溶液逐渐变为亮黄色。

（5）离心水洗，9000r/min 下离心 10min，直至 pH = 7，收集淤泥状的沉淀物。沉淀物溶于去离子水中，搅拌使沉淀溶解，超声 10～20min，1000r/min 下继续离心 10min，收集上清液。得到的上清液即为氧化石墨烯溶液。

五、实验结果

计算氧化石墨烯溶液的浓度。

六、注意事项

（1）加入高锰酸钾时要缓慢，加入过快会导致爆炸。

（2）必须佩戴护目眼镜及手套操作实验。

（3）必须在通风橱中完成实验。

七、思考与讨论

（1）两次离心的目的分别是什么？

（2）为什么要加入硝酸钠？

八、参考文献

陈皮伟. 2014. 氧化还原法制备石墨烯的研究. 南昌：南昌大学.

孟竹，黄安平，张文学，等. 2017. 氧化石墨烯的制备及应用研究进展. 合成材料老化与应用，(6)：95-99.

实验十二　邻菲咯啉分光光度法测定铁的含量

一、实验目的

（1）熟悉邻菲咯啉分光光度法测定铁含量的原理和方法。

（2）掌握分光光度计的使用方法。

二、实验原理

根据朗伯-比尔定律，当单色光通过一定厚度（l）的有色物质溶液时，有色物质对光的吸收程度（用吸光度 A 表示）与有色物质的浓度（c）成正比，即

$$A = kcl$$

其中，k 为摩尔吸光系数，它是各种有色物质在一定波长下的特征常数。在分光光度法中，当条件一定时，k、l 均为常数，此时，上式可写成

$$A = Kc$$

因此，一定条件下只要测出各种有色物质不同浓度的吸光度值，以浓度为横坐标，吸光度为纵坐标即可绘制标准曲线。在同样条件下，测定待测溶液的吸光度，然后从标准曲线即可查出其浓度。

邻菲咯啉（邻二氮菲）是目前分光光度法测定铁含量的较好试剂。在 pH = 2～9 的溶液中，试剂与 Fe^{2+}生成稳定的红色络合物。该反应中铁必须是亚铁状态，因此，在显色前要加入还原剂，如盐酸羟胺，反应如下：

$$2Fe^{3+} + 2NH_2OH + 2OH^- = 2Fe^{2+} + N_2 + 4H_2O$$

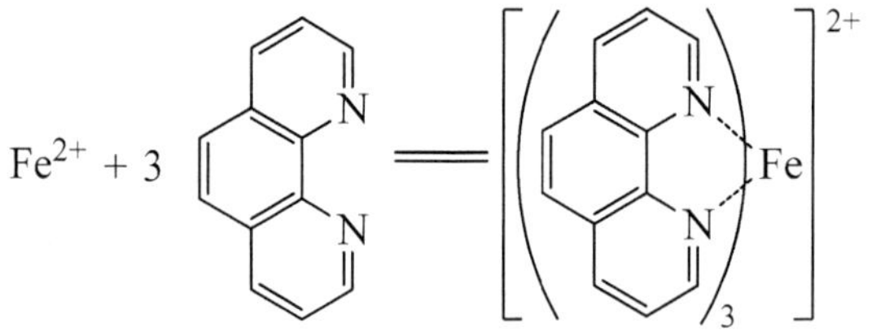

红色络合物的最大吸收波长为 508nm。

三、仪器与试剂

仪器：紫外-可见分光光度计、容量瓶（50mL）、刻度吸量管。

试剂：邻菲咯啉（8mmol/L，新鲜配制）、盐酸羟胺（1.5mol/L，临时配制）、乙酸钠（1mol/L）。标准铁溶液（2.000mmol/L）：准确称取 0.7842g $(NH_4)_2Fe(SO_4)_2·6H_2O$

置于烧杯中，加入 6mol/L HCl 120mL 和少量去离子水，溶解后转入 1000mL 容量瓶中，加去离子水稀释至刻度，摇匀备用。

四、实验步骤

1. 标准溶液和待测溶液的配制

取 50mL 容量瓶 7 个，按表 2-2 所列的量，用刻度吸量管量取各种溶液加入容量瓶中，加去离子水稀释至刻度，摇匀，即配成一系列标准溶液及待测溶液。

表 2-2　标准溶液及待测溶液的配制

试剂	容量瓶编号						
	1（空白）	2	3	4	5	6	7（水样 10mL）
标准铁溶液/mL	0	0.40	0.80	1.20	1.60	2.00	2.4
盐酸羟胺/mL	1.0	1.0	1.0	1.0	1.0	1.0	1.0
邻菲咯啉/mL	2.0	2.0	2.0	2.0	2.0	2.0	2.0
乙酸钠/mL	5.0	5.0	5.0	5.0	5.0	5.0	5.0

2. 吸光度的测定

根据紫外-可见分光光度计的使用方法选择波长 $\lambda = 508$nm，用空白溶液调整仪器，然后测出所配一系列溶液的吸光度，记录结果。

3. 绘制标准曲线

以 Fe^{2+}浓度（μmol/L）为横坐标，以吸光度（A）为纵坐标绘制标准曲线。

4. 待测水样中 Fe^{2+}浓度的测定

根据所测得水样的吸光度，即可从标准曲线上查得其浓度。

五、实验结果

（1）绘制标准曲线。
（2）从标准曲线查出未知液中 Fe^{2+}浓度。
（3）计算试样中铁的含量。

六、注意事项

（1）不能颠倒各种试剂的加入顺序。

（2）读数据时要注意 A 和 T 所对应的数据。透光率与吸光度的关系为 $A = \lg(I_0/I) = \lg(1/T)$；测定条件指测定波长和参比溶液的选择。

（3）最佳波长选择好后不要再改变。

（4）每次测定前要注意归零。

七、思考与讨论

（1）为什么要控制被测液的吸光度为 0.15～0.70？如何控制？

（2）由标准曲线查出的待测铁离子的浓度是否与原始待测液中铁离子的浓度一致？

（3）邻菲咯啉分光光度法测定铁的适宜条件是什么？

（4）Fe^{3+}标准溶液在显色前加盐酸羟胺的目的是什么？如果测定一般铁盐的总铁量，是否需要加盐酸羟胺？

八、参考文献

汤又文. 2008. 基础化学实验：分析化学实验. 北京：化学工业出版社.

实验十三　阴离子表面活性剂的合成及应用

一、实验目的

（1）掌握十二烷基苯磺酸钠（sodium dodecyl benzo sulfonate）的合成原理和合成方法，了解烷基芳基磺酸盐类阴离子表面活性剂的性质和用途。

（2）了解洗洁精各组分的性质及配方原理，掌握洗洁精的配制方法。

二、实验原理

十二烷基苯磺酸钠又称石油磺酸钠，简称 LAS、ABS-Na，是重要的阴离子表面活性剂。本品为白色固体、易溶于水，在碱性、中性及弱酸性溶液中较稳定，在硬水中有良好的润湿、乳化、分散、发泡和去污能力，易生物降解，易吸水，遇浓酸分解，热稳定性较好。本品主要用作液体和浆状洗涤剂，用于制洗衣粉，在纺织、印染行业用作脱脂剂、柔软剂、匀染剂等。

合成原理：主要的磺化剂为浓硫酸、发烟硫酸和三氧化硫等。以发烟硫酸作为磺化剂，由烷基苯与磺化剂作用，然后用氢氧化钠中和制成，反应方程式为

$$C_{12}H_{25}—C_6H_5 + H_2SO_4（或\ SO_3）\longrightarrow C_{12}H_{25}—C_6H_4—SO_3H + H_2O$$

$$C_{12}H_{25}—C_6H_4—SO_3H + NaOH \longrightarrow C_{12}H_{25}—C_6H_4—SO_3Na + H_2O$$

洗洁精的配制：洗洁精又称餐具洗涤剂或水果蔬菜洗涤剂，是无色或淡黄色透明液体，主要用于洗涤碗碟和水果蔬菜。设计洗洁精的配方组成时，应根据洗涤方式、污垢特点、被洗物特点，以及其他功能要求，具体可归纳为以下几条。

（1）基本原则：①对人体安全无害；②能较好地洗净并除去动植物油垢，即使对黏附牢固的油垢也能迅速除去；③清洗剂和清洗方式不损伤餐具、灶具及其他器具；④用于洗涤蔬菜和水果时，应无残留物，也不影响其外观和原有风味；⑤手洗产品发泡性良好；⑥消毒洗涤剂应能有效地杀灭有害菌，而不危害人的安全；⑦产品长期储存稳定性好，不发霉变质。

（2）配方组成特点：

（ⅰ）洗洁精应制成透明状液体，要设法调配成适当的浓度和黏度。

（ⅱ）设计配方时，一定要充分考虑表面活性剂的配伍效应，以及各种助剂的协同作用。例如，阴离子表面活性剂烷基聚氧乙烯醚硫酸酯盐与非离子表面活性剂烷基聚氧乙烯醚复配后，产品的发泡性和去污力均好；配方中加入乙二醇单丁醚，则有助于去除油污；加入月桂酸乙二醇酰胺可以增泡和稳泡，可减轻对皮肤的刺激，并可增加介质的黏度；羊毛酯类衍生物可滋润皮肤；调整产品黏度主要使用无机电解质。

（iii）洗洁精一般都是高碱性的，主要为了提高去污力和节省活性物，并降低成本，但 pH 不能大于 10.5。

（iv）高档的餐具洗涤剂要加入釉面保护剂，如乙酸铝、甲酸铝、磷酸铝酸盐、硼酸酐及其混合物。

（v）加入少量香精和防腐剂。

（3）主要原料：洗洁精都是以表面活性剂为主要活性物配制而成的。手工洗涤用的洗洁精主要使用烷基苯磺酸盐和烷基聚氧乙烯醚硫酸盐，其活性物含量为 10%～15%。

三、仪器与试剂

仪器：烧杯（100mL、500mL）、三口烧瓶（250mL）、滴液漏斗（60mL）、分液漏斗（250mL）、量筒（100mL）、温度计、锥形瓶（150mL）、相对密度计、磁力搅拌器、恒温水浴锅等。

试剂：氢氧化钠溶液（15%）、氢氧化钠溶液（0.1mol/L）、氢氧化钠、发烟硫酸、十二烷基苯、酚酞指示剂、聚氧乙烯醚硫酸钠、椰子油酸二乙醇酰胺、壬基酚聚氧乙烯醚、乙醇、甲醛、乙二胺四乙酸（EDTA）、三乙醇胺、二甲基月桂基氧化胺、二甲苯磺酸钠、香精、苯甲酸钠、氯化钠、硫酸、磺酸脂肪醇等。

四、实验步骤

1. 合成十二烷基苯磺酸钠

1）加料

用相对密度计分别测定十二烷基苯和发烟硫酸的相对密度，用量筒量取 50g（换算为体积）十二烷基苯转移到干燥的预先称量的三口烧瓶中，用量筒量取 58g 发烟硫酸置入滴液漏斗中。

2）磺化

在搅拌下将发烟硫酸逐滴加入十二烷基苯中，加料时间为 1h，控制反应温度为 25～30℃。加料结束后停止搅拌，静置 30min，反应结束后记下混酸的质量。

3）分酸

按混酸∶水=85∶15（质量比）计算所需加水量，并通过滴液漏斗在搅拌下将水逐滴加到混酸中，温度控制为 45～50℃，加料时间为 0.5～1h。反应结束后将混酸转移到预先称量的分液漏斗中，静置 30min，分去废酸（待用）。称量，记录。

4）中和值测定

用量筒取 10mL 水加入 150mL 锥形瓶中，并称取 0.5g 磺酸于锥形瓶中，摇匀，使磺酸分散，加 40mL 水于锥形瓶，轻轻摇动，使磺酸溶解。滴加 2 滴酚酞指示剂，用 0.1mol/L 氢氧化钠溶液滴定至出现粉红色，计算中和值。

5）中和

按中和值计算出中和磺酸所需氢氧化钠质量，称取氢氧化钠，并用 500mL 烧杯配成 15%（质量分数）氢氧化钠溶液，置于水浴中，在搅拌下控制温度为 35～40℃，用滴液漏斗将磺酸缓慢加入，时间为 0.5～1h。当磺酸快滴加完时测定体系的 pH，控制反应终点的 pH 为 7～8（可用废酸和 15%氢氧化钠溶液调节 pH）。反应结束后称量所得十二烷基苯磺酸钠的质量。

2. 洗洁精配制。

洗洁精的配方如表 2-3 所示。

表 2-3　洗洁精配方　　（单位：%，质量分数）

名称	配方Ⅰ	配方Ⅱ	配方Ⅲ	配方Ⅳ
ABS-Na（30%）	—	16.0	12.0	16.0
AES（70%）	—	—	5.0	14.0
尼诺尔（70%）	3.0	7.0	6.0	—
OP-10（70%）	—	8.0	8.0	2.0
乙二胺四乙酸	0.1	0.1	0.1	0.1
乙醇	—	—	0.2	—
甲醛	—	—	0.2	—
三乙醇胺	—	—	—	4.0
二甲基月桂基氧化胺	3.0	—	—	—
二甲苯磺酸钠	5.0	—	—	—
苯甲酸钠	0.5	0.5	—	0.5
氯化钠	1	—	—	1.5
香精、硫酸	适量	适量	适量	适量
去离子水	加至 100g	加至 100g	加至 100g	加至 100g

注：AES 代表脂肪醇聚氧乙烯醚硫酸酯盐；尼诺尔代表烷醇酰胺；OP-10 代表乳化剂烷基酚聚氧乙烯醚

操作步骤如下：

（1）将恒温水浴锅中加入水并加热，烧杯中加入去离子水加热至 60℃左右。

（2）加入 ABS-Na 并不断搅拌至全部溶解，此时水温要控制在 60～65℃。

（3）保持温度 60～65℃，在连续搅拌下加入其他表面活性剂，搅拌至全部溶解，并连续搅拌 90min。

（4）降温至 40℃以下加入香精、防腐剂、增溶剂等，搅拌均匀。

（5）测溶液的 pH，用硫酸调节 pH 至 9.0～10.5。

（6）加入氯化钠调节到所需黏度。调节之前应把产品冷却到室温或测黏度时的标准温度。调节后所得产品即为成品。

五、实验结果

（1）中和值计算。按下式计算出中和值 H，即

$$H = (cV/m)\times(40/100)$$

其中，c 为氢氧化钠溶液的浓度，mol/L；V 为消耗氢氧化钠溶液的体积，mL；m 为磺酸的质量，g。

（2）各段反应的物料及反应物的质量、颜色记录于表中。

六、注意事项

（1）使用浓硫酸时，严禁将水倒入浓硫酸中。

（2）使用恒温水浴锅，不要将水洒落在温控部分。

七、思考与讨论

（1）磺化反应的温度如何确定？分酸时为什么要求混酸∶水 = 85∶15？中和时温度为什么控制在 35～40℃？

（2）配制洗洁精有哪些原则？洗洁精的 pH 应控制在什么范围？为什么？

八、参考文献

强亮生，王慎敏. 2015. 精细化工综合实验. 7 版. 哈尔滨：哈尔滨工业大学出版社.

实验十四　无机粉体碳酸钙的聚合物胶囊化改性

一、实验目的

（1）了解无机粉体的聚合物胶囊化过程。

（2）认识聚合物对无机粉体表面的改性作用。

二、实验原理

采用物理或化学方法对粉体颗粒进行表面处理，有目的地改变其表面物理化学性质的工艺，称为粉体表面改性。其目的是增强粉体与基体的界面相容性，从而提高复合材料的力学等各种性能。矿物等粉体的表面改性方法有多种不同的分类，根据改性性质的不同分为物理法、化学法和包覆法；综合改性作用的性质、手段和目的，可分为包覆法、沉淀反应法、表面化学法、接枝法和机械化学法。

胶囊化改性是在颗粒表面覆盖均质且有一定厚度薄膜的一种表面改性方法，如采用原位聚合法可制成聚甲基丙烯酸甲酯包覆的钛白粉胶囊改性体。在胶囊化改性工艺中，一般称内藏物为芯物质或核物质，包膜物为膜物质。胶囊的作用是控制芯物质的放出条件，即控制制造胶囊的条件以调节芯物质的溶解、挥发、发色、混合及反应时间；对在相间发生反应的物质可起到隔离作用，以备长期保存；对有毒物质可以起到隐蔽作用。

本实验采用十二烷基硫酸钠为表面活性剂，甲基丙烯酸甲酯为聚合单体，过硫酸铵为引发剂，采用乳液聚合的方法，在碳酸钙粉体表面包裹上一层均质且有一定厚度的有机聚合物薄膜，达到粉体表面改性的效果，改善其在有机溶剂中的分散稳定性。

乳液聚合是在乳化剂的作用下并借助于机械搅拌，使单体在水中分散成乳状液，由水溶性引发剂引发而进行的聚合反应。乳液聚合最简单的配方是由单体、水、水溶性引发剂和乳化剂四种成分组成。乳化剂通常是一些兼有亲水的极性基团和疏水（亲油）的非极性基团的表面活性剂。按其结构（亲水基类型）可分为三大类：①阴离子型：亲水基团一般为—COONa、—SO_4Na、—SO_3Na 等，亲油基团一般是 C_{11}～C_{17} 的直链烷基，或是 C_3～C_6 烷基与苯基或萘基结合在一起的疏水基。这类乳化剂在碱性溶液中较稳定，遇酸性物质时乳液会被破坏。②阳离子型：通常是季铵盐。其特点是在酸性介质中稳定，碱性介质中不稳定。由于它的乳液稳定性较差，在乳液聚合中使用较少。③非离子型：有代表性的是聚乙烯醇、环氧乙烷的聚合物等。这类乳化剂具有非离子型的特性，所以对 pH 的变化不敏感，微酸性反而较稳定。在乳液聚合中，常用作辅助乳化剂，对乳液也起着稳定的作用。

三、仪器与试剂

仪器：烧杯、量筒、三口烧瓶、球形冷凝管、温度计、电动搅拌器、电子天平、氮气袋、布氏漏斗、滤纸、黏度计、铁架台、300 目筛等。安装搅拌装置：按从下到上的顺序，将水浴装置、三口烧瓶、聚四氟乙烯搅拌棒、温度计、球形冷凝管、电动搅拌器依次装好，应确保从正面和侧面看都呈一条直线。

试剂：碳酸钙、去离子水、甲基丙烯酸甲酯、十二烷基硫酸钠（SDS）、过硫酸铵、液态石蜡等。

四、实验步骤

（1）将碳酸钙在 100℃下烘干 10h，冷却后过 300 目筛。

（2）在三口烧瓶中，加入 200mL 去离子水、10g 碳酸钙、7mL 1%十二烷基硫酸钠，通入氮气，搅拌 10～15min。

（3）加入 4mL 甲基丙烯酸甲酯，搅拌 10min。

（4）加入 5mL 1%过硫酸铵，搅拌均匀。

（5）20min 后，升温至 60℃，反应 90min。

（6）自然降温后，用布氏漏斗进行过滤。

（7）所得固体在真空干燥箱内 40℃下进行烘干。

五、实验结果

（1）称量样品的质量，计算样品产率。

（2）将相同质量的碳酸钙和包覆好的碳酸钙加入相同质量的液态石蜡中，搅拌均匀后，测其黏度。

六、注意事项

注意控制氮气流速和搅拌速度，不易过快。

七、思考与讨论

（1）碳酸钙烘干过筛的目的是什么？

（2）碳酸钙经包覆后，为什么要在 40℃下烘干？

（3）在实验过程中加入十二烷基硫酸钠的目的是什么？

八、参考文献

史继诚，车如心. 2014. 综合化学实验. 北京：北京交通大学出版社.

谈定生，严年喜，施亚钧. 1999. 无机粉体的聚合物胶囊化过程研究. 高分子材料科学与工程，15（6）：101-104.

实验十五　高吸水性树脂的制备

一、实验目的

（1）了解高吸水性树脂的基本功能及其用途。

（2）掌握聚合物类高吸水性树脂制备的基本方法。

（3）了解逆向悬浮聚合制备亲水性聚合物的方法。

二、实验原理

高吸水性树脂一般为含有亲水基团和交联结构的高分子电解质。吸水前，高分子链相互靠拢缠在一起，彼此交联成网状结构，从而达到整体上的紧固。与水接触时，因为高吸水性树脂上含有多个亲水基团，故首先进行水润湿，然后水分子通过毛细作用及扩散作用渗透到树脂中，链上的电离基团在水中电离。链上同离子之间的静电斥力使高分子链伸展溶胀。由于电中性要求，反离子不能迁移到树脂外部，树脂内外溶液间的离子浓度差形成反渗透压。水在反渗透压的作用下进一步进入树脂中，形成水凝胶。同时，树脂本身的交联网状结构及氢键作用，又限制了凝胶的无限膨胀。

高吸水性树脂的吸水性受多种因素制约，归纳起来主要有结构因素、形态因素和外界因素三个方面。结构因素包括亲水基团的性质、数量，交联剂种类和交联密度，以及树脂分子主链的性质等。树脂的结构与生产原料、制备方法有关。交联剂的影响：交联剂用量越大，树脂交联密度越大，树脂不能充分地吸水膨胀；交联剂用量太低时，树脂交联不完全，部分树脂溶解于水中而使吸水率下降。吸水率与水解度的关系：当水解度在 60%～85%时，吸水率较大；水解度大于 85%时，吸水率下降，其原因是随着水解度的增加，尽管亲水的羧基增多，但交联剂也发生了部分水解，使交联网络被破坏。

形态因素主要指高吸水性树脂的主品形态。增大树脂主品的表面，有利于在较短时间内吸收较多的水，达到较高吸水率，因而将树脂制成多孔状或鳞片可保证其吸水性。

外界因素主要指吸收时间和吸收液的性质。随着吸收时间的延长，水分由表面向树脂产品内部扩散，直至达到饱和。高吸水性树脂多为高分子电解质。其吸水性受吸收液性质，特别是离子种类和浓度的制约，在纯水中吸收能力最高；盐类物质的存在，会产生同离子效应，从而显著影响树脂的吸水能力；遇到酸性或碱性物质，吸水能力也会降低。电解质浓度增大，树脂的吸水能力下降。对于二价金属离子，除盐效应外，还可能在树脂大分子之间的羧基上产生交联，阻碍树脂凝胶的溶胀作用，从而影响吸水能力，因而二价金属离子对树脂吸水性的降低将更为显著。

三、仪器与试剂

仪器：标准磨口三口烧瓶、四口烧瓶、锥形瓶、球形冷凝管、温度计（100℃）、布氏漏斗、滴液漏斗、抽滤瓶、恒温水浴槽、电动搅拌器、聚四氟乙烯搅拌棒、干燥器、布袋、滤纸等。

试剂：丙烯酸、*N, N*-亚甲基双丙烯酰胺、过硫酸钾、Span80 和 OP-10、环己烷（该实验以丙烯酸为聚合单体，*N, N*-亚甲基双丙烯酰胺为交联剂、过硫酸钾为引发剂、Span80 和 OP-10 为分散剂，在有机溶剂环己烷中进行逆向悬浮聚合）、亚硫酸钠、氢氧化钠溶液、乙醇、食盐水、去离子水等。

四、实验步骤

1. 安装实验仪器

按从下到上的顺序将水浴装置、标准磨口三口烧瓶、聚四氟乙烯搅拌棒、温度计、球形冷凝管、电动搅拌器依次装好，应确保从正面和侧面看都呈一条直线（注：应保证搅拌棒底部与三口烧瓶底部接触，搅拌翅子打开；应保证搅拌棒与三口烧瓶的瓶口密封，防止溶剂挥发）。

2. 高吸水性树脂的制备

在装有磁力搅拌器、滴液漏斗、冷凝管、温度计、氮气导管的四口烧瓶中，加入 60mL 环己烷和适量的 Span80 和 OP-10（单体质量的 0.2%～0.3%），分散剂 Span80∶OP-10 = 1∶1（质量比），搅拌溶解。同时将 30mL 的丙烯酸置于锥形瓶内，在冰水冷却的条件下缓慢滴入一定浓度的氢氧化钠溶液中和至较合适的中和度（75%），然后加入 0.01g 的 *N, N*-亚甲基双丙烯酰胺和 0.05～0.06g 过硫酸钾，搅拌至均匀，制备出混合溶液，然后将此混合溶液加入四口烧瓶中。在氮气保护下，利用水浴加热至 50℃，在一定搅拌速度下，1h 内将 0.05g 亚硫酸钠水溶液用滴液漏斗匀速滴入四口烧瓶中，进行聚合反应。滴加完毕后继续反应 3h，搅拌降温，至室温后过滤，得到白色微珠状共聚树脂，在 120～140℃下干燥、粉碎，测定其吸水量和吸水率。

五、实验结果

吸水率测定：采用自然过滤的方法测定。称取 1.0g 粉碎后的树脂三份，分别加入 1000mL 去离子水、自来水和 0.9%的食盐水，静置 2h 后用 100 目尼龙网过滤，在布氏漏斗上静置 30min 后称量吸水后树脂质量，求出吸水率。

六、注意事项

逆向悬浮聚合的分散稳定性往往不够好，因此，聚合过程中搅拌要平稳，千万不要中途停止。

七、思考与讨论

（1）讨论高吸水性树脂的吸水机理。

（2）比较高吸水性树脂对自来水和去离子水的吸水率，讨论引起两者差别的原因。

（3）举出几例你所知道的高吸水性树脂应用的例子。

（4）自由基聚合分为几类？它们分别有什么特点和不同？

（5）悬浮聚合和逆向悬浮聚合的不同之处是什么？

八、参考文献

吴景梅，王传虎. 2016. 有机化学实验. 合肥：安徽大学出版社.

实验十六　溶液法合成硫化锌纳米颗粒及光催化制氢测试实验

一、实验目的

（1）了解硫化锌纳米颗粒的制备过程。

（2）熟悉光催化制氢的基本原理。

（3）掌握光催化剂的表征方法。

二、实验原理

光催化反应可以分为两类，即“降低能垒”（down hill）和“升高能垒”（up hill）反应。光催化氧化降解有机物属于降低能垒反应，此类反应的 $\Delta G<0$，反应过程不可逆，这类反应在光催化剂的作用下引发生成 O_2^-、O_2^-、$\cdot OH$ 和 H^+等活性基团。水分解生成氢气和氧气则是升高能垒反应，该类反应的 $\Delta G>0$（$\Delta G=$ 237kJ/mo1），此类反应将光能转化为化学能。

要使水分解释放出氢气，热力学要求作为光催化材料的半导体材料的导带（CB）电势比氢电极电势 E（H^+/H_2）稍负，而价带（VB）电势则应比氧电极电势 E（O_2/H_2O）稍正。光解水的原理（图 2-6）为：光辐射在半导体上，当辐射的能量大于或等于半导体的禁带宽度时，半导体内电子受激发从价带跃迁到导带，而空穴则留在价带，使电子和空穴发生分离，然后分别在半导体的不同位置将水还原

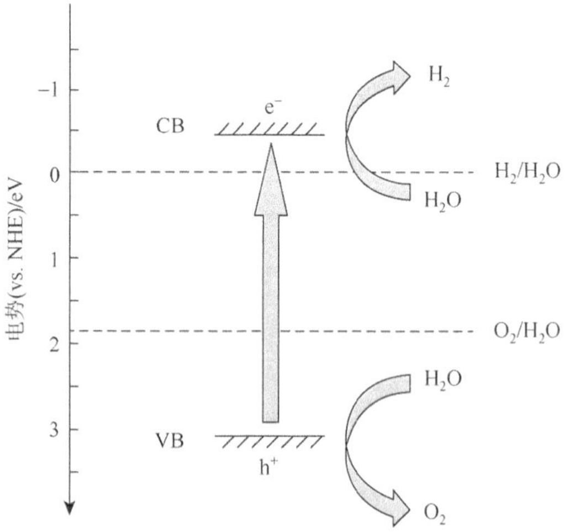

图 2-6　光催化制氢原理示意图

成氢气或者将水氧化成氧气。Khan 等提出了光催化分解水制氢材料需要满足：高稳定性、不产生光腐蚀、价格便宜、能够满足分解水的热力学要求、能够吸收太阳光。

三、仪器与试剂

仪器：光催化制氢装置、烧杯、滴定管、量筒、300W 氙灯和磁力搅拌器等。

试剂：无水亚硫酸钠、九水硫化钠（分析纯）、六水合硝酸锌（分析纯）、去离子水等。

四、实验步骤

（1）称量 2.4g 九水硫化钠、2.97g 六水合硝酸锌，并分别溶于 20mL 和 80mL 去离子水中。

（2）将 20mL 硫化钠溶液倒入滴定管内，在磁力搅拌下逐滴滴入 80mL 硝酸锌溶液中。

（3）滴完后静置沉淀，用去离子水洗涤三遍，于 120℃下烘干 10h。

（4）将 100mg 样品以及 7.2g 九水硫化钠和 3.78g 无水亚硫酸钠加入反应容器中，并加入 100mL 去离子水，搅拌。

（5）通氩气 30min 以排除反应装置中的空气对检测结果的影响。

（6）每 1h 取一次样进行色谱检测。

五、实验结果

光催化制氢的性能：每间隔 1h，用取样针取样，并用气相色谱检测氢气产生量。

六、注意事项

排气时，应注意通气孔必须畅通，以防爆裂。

七、思考与讨论

（1）讨论光催化分解水的原理。

（2）理论上有哪些半导体具有光解水制氢性能？

（3）半导体光催化分解水目前亟待解决的问题有哪些？

（4）改性半导体光催化分解水的方法有哪些？这些方法具有哪些缺点和不足？

八、参考文献

Wang X W，Yuan B，Xie Z H，et al. 2015. ZnS-CdS/graphene oxide heterostructures prepared by a light irradiation-assisted method for effective photocatalytic hydrogen generation. Journal of Colloid and Interface Science，446：150-154.

实验十七　茶叶中咖啡因的提取

一、实验目的

（1）通过从茶叶中提取咖啡因学习固-液萃取的原理及方法。

（2）掌握索氏提取器的原理及作用。

（3）掌握升华原理及操作。

二、实验原理

茶叶中含有多种黄嘌呤衍生物的生物碱［主要成分为含量占 1%～5%的咖啡因（caffeine，又称咖啡碱），并含有少量茶碱和可可碱］，以及 11%～12%的单宁酸（又称鞣酸），还有约 0.6%的色素、纤维素和蛋白质等。

咖啡因的化学名为 1, 3, 7-三甲基黄嘌呤，其结构为

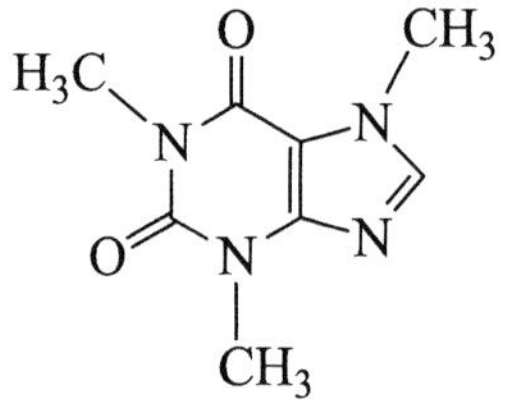

纯咖啡因为白色针状结晶体，无臭，味苦，置于空气中有风化性，易溶于水、乙醇、氯仿、丙酮，微溶于石油醚，难溶于苯和乙醚。它是弱碱性物质，水溶液对石蕊试纸呈中性反应。咖啡因在 100℃时失去结晶水并开始升华，120℃时升华显著，178℃时很快升华。无水咖啡因的熔点为 238℃。咖啡因具有刺激心脏、兴奋大脑神经和利尿等作用，因此可单独作为有关药物的配方。咖啡因可由人工合成法或提取法获得。本实验采用索氏提取法从茶叶中提取咖啡因。利用咖啡因易溶于乙醇、易升华等特点，以 95%乙醇作溶剂，通过索氏提取器（或回流）进行连续抽提，然后浓缩、焙炒而得粗制咖啡因，再通过升华提取得到纯的咖啡因。

三、仪器与试剂

仪器：索氏提取器、蒸发皿、玻璃漏斗、蒸馏头、接收管、平底烧瓶、锥形瓶、直形冷凝管等。

实验装置：

（1）索氏提取器：见图 2-7。

（2）回流冷凝装置：在无索氏提取器的情况下，可采用回流冷凝装置（图 2-8）。但一般回流冷凝装置所用溶剂量较大，且提取效果较索氏提取器差。

（3）升华装置：具有较高蒸气压的固体物质，在加热到熔点以下，不经过熔融而直接变成蒸气，蒸气遇冷再凝结成固体的过程称为升华。用升华法可制得纯度较高的产品，但此法损失较大。

在蒸发皿中加入已充分干燥的待升华物质，蒸发皿上盖一张带有密集小孔的滤纸，再倒扣一个口径比蒸发皿略小的玻璃漏斗。为避免蒸气逸出，在漏斗颈部塞一小团棉花。图 2-9 为常压升华装置示意图。

图 2-7　索氏提取器

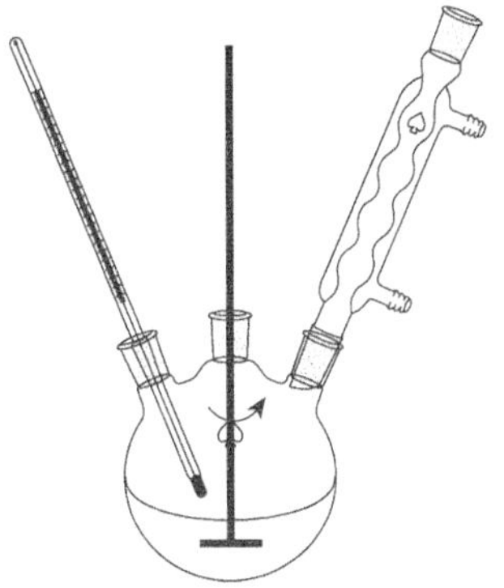

图 2-8　回流冷凝装置

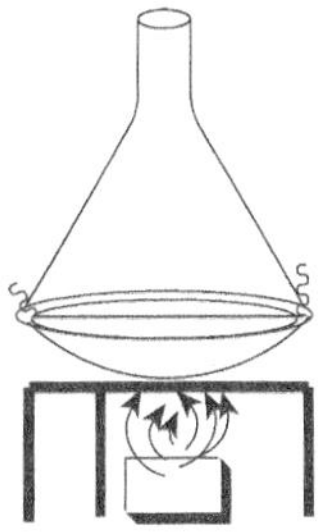

图 2-9　常压升华装置

试剂：茶叶、95%乙醇、生石灰、去离子水等。

四、实验步骤

（1）称取 5g 茶叶末，将茶叶末装入滤纸套筒中，把套筒小心地插入索氏提取器中，取 50mL 95%乙醇加入 60mL 平底烧瓶中，加入几粒沸石，按图 2-7 安装好装置。水浴加热，连续提取 22.5h 后，提取液颜色较淡，待溶液刚刚虹吸流回烧瓶时，立即停止加热。

（2）安装好回流冷凝装置（图 2-8），水浴上进行蒸馏，蒸出大部分乙醇并进行回收。将残液（5～10mL）倒入蒸发皿中，加入 2g 研细的生石灰粉，在玻璃棒不断搅拌下蒸气浴上将溶剂蒸干，再在石棉网上用小火小心地将固体焙炒至干。

（3）取一只合适的玻璃漏斗，罩在隔以刺有许多小孔的滤纸的蒸发皿上（图 2-9），用小火小心加热升华，若漏斗上有水汽，应用滤纸擦干。当滤纸上出现白色针状物时，可暂停加热，稍冷后仔细收集滤纸正反面的咖啡因晶体。残渣经搅拌后可用略大的火再次升华。

五、实验结果

合并产品后称量，测熔点，产量约__________。

六、注意事项

（1）加入生石灰起中和作用以除去单宁酸等酸性物质。生石灰一定要研细。

（2）乙醇将要蒸干时，固体易溅出器皿外，应注意防止着火。

（3）升华前，一定要将水分完全除去，否则在升华时漏斗内会出现水珠。遇此情况，则用滤纸迅速擦干水珠并继续焙烧片刻而后升华。

（4）升华过程中必须严格控制加热温度。

七、思考与讨论

（1）索氏提取器的原理是什么？与直接用溶剂回流提取相比有哪些优点？

（2）升华前加入生石灰起什么作用？

（3）升华操作的原理是什么？

（4）为什么在升华操作中，加热温度一定要控制在被升华物熔点以下？

八、参考文献

蔡蒨. 2010. 分析化学实验. 上海：上海交通大学出版社.

实验十八 补锌口服液葡萄糖酸锌的分析与测定

一、实验目的

（1）学习并掌握合成简单药物的基本方法。

（2）学习并掌握葡萄糖酸锌的合成。

（3）掌握络合滴定分析法。

二、实验原理

葡萄糖酸锌是近年来开发的一种补锌药品添加剂。人体缺锌会造成生长停滞、自发性味觉减退或创伤愈合不良等现象，从而引发各种疾病。以往常用硫酸锌作添加剂，但它对人体的胃肠道有一定的刺激作用，而且吸收率也比较低。葡萄糖酸锌则有吸收率高、副作用少、使用方便等特点，是20世纪80年代中期发展起来的一种补锌添加剂，特别是作为儿童食品、糖果的添加剂，应用日趋广泛。合成葡萄糖酸锌的方法很多，可分为直接合成法和间接合成法两大类。葡萄糖酸锌的纯度分析可采用络合滴定法。

葡萄糖酸锌为白色或接近白色的结晶性粉末，无臭略有不适味，溶于水，易溶于沸水，15℃时饱和溶液的质量分数为25%，不溶于无水乙醇、氯仿和乙醚。

葡萄糖酸锌是以葡萄糖酸钙和硫酸锌（或硝酸锌）等为原料直接合成，其反应方程式为

$$Ca(C_6H_{11}O_7)_2 + ZnSO_4 \longrightarrow Zn(C_6H_{11}O_7)_2 + CaSO_4$$

这类方法的缺点是产率低、产品纯度差。

在pH≈10的溶液中，铬黑T（EBT）与锌离子形成比较稳定的酒红色螯合物（Zn-EBT），而EDTA与锌离子能形成更为稳定的无色螯合物。因此滴定至终点时，铬黑T便被EDTA从Zn-EBT中置换出来，游离的铬黑T在pH为8～11的溶液中呈纯蓝色，即

$$\underset{\text{酒红色}}{\text{Zn-EBT}} + \text{EDTA} \longrightarrow \text{Zn-EDTA} + \underset{\text{纯蓝色}}{\text{EBT}}$$

葡萄糖酸锌溶液中游离的锌离子也可与EDTA形成稳定的络合物，因此络合滴定法能确定葡萄糖酸锌的含量。

三、仪器与试剂

仪器：蒸发皿、布氏漏斗、抽滤瓶、电子天平、滴定管（50mL）、移液管（25mL）、烧杯、容量瓶等。

试剂：葡萄糖酸钙、$ZnSO_4·7H_2O$、硫酸（1mol/L）、乙醇（95%）、$NH_3·H_2O$-NH_4Cl缓冲溶液（pH≈10）、活性炭、EDTA（分析纯）、锌粒、氨水（1∶1）、盐酸（6mol/L）、铬黑 T（s，1%）。

四、实验步骤

（1）称取葡萄糖酸钙 4.5g，置于 50mL 烧杯中，加入 12mL 去离子水。另称取 3.0g $ZnSO_4·7H_2O$，用 12mL 去离子水使之溶解，在不断搅拌下，把 $ZnSO_4$ 溶液逐滴加入葡萄糖酸钙溶液中，加完后在 90℃水浴中保温约 20min，抽滤除去 $CaSO_4$ 沉淀，溶液转入烧杯，加热近沸，加入少量活性炭脱色，趁热抽滤。

（2）滤液冷却至室温，加 10mL 95%乙醇（降低葡萄糖酸锌的溶解度），并不断搅拌，此时有胶状葡萄糖酸锌析出，充分搅拌后，用倾析法去除乙醇溶液，得葡萄糖酸锌粗品。

（3）用适量去离子水溶解葡萄糖酸锌粗品，加热（90℃）至溶解，趁热抽滤，滤液冷却至室温，加 10mL 95%乙醇，充分搅拌，结晶析出后抽滤至干，得精品。在 50℃下烘干，称量，可得供压制片剂的葡萄糖酸锌。

（4）葡萄糖酸锌含量测定：设计 EDTA 滴定法测定葡萄糖酸锌含量的实验步骤。

五、实验结果

（1）计算葡萄糖酸锌的产率。

（2）列表记录 EDTA 标定过程，计算 EDTA 的浓度。

（3）列表记录葡萄糖酸锌含量测定过程，计算葡萄糖酸锌产品的纯度。

六、注意事项

（1）反应需在 90℃恒温水浴中进行。这是由于温度太高，葡萄糖酸锌会分解；温度太低，葡萄糖酸锌的溶解度会降低。

（2）用乙醇为溶剂进行重结晶时，开始有大量胶状葡萄糖酸锌析出，不易搅拌，可用竹棒代替玻璃棒进行搅拌。乙醇溶液全部回收。

（3）配制锌标准溶液时，为防止锌与酸发生剧烈反应，必须加盖表面皿，定量转移须吹洗表面皿并多次淋洗烧杯。

七、思考与讨论

（1）根据葡萄糖酸锌制备的原理和步骤，比较直接合成法和间接合成法制备葡萄糖酸锌的优缺点。

（2）葡萄糖酸锌可以用哪几种方法进行结晶？

（3）可否用 ZnO、$ZnCO_3$、$ZnCl_2$、$Zn(CH_3COO)_2$ 等化合物与葡萄糖酸钙反应来制备葡萄糖酸锌？为什么？

（4）试解释以铬黑 T 为指示剂的标定实验中的几种现象：

（a）滴加氨水至开始出现白色沉淀。

（b）加入缓冲溶液后沉淀又消失。

（c）用 EDTA 标准溶液滴定至溶液由酒红色变为纯蓝色。

（5）当铬黑 T 作为指示剂时，为什么要控制 pH≈10？

八、参考文献

熊家林，贡长生，张克立. 1999. 无机精细化学品的制备和应用. 北京：化学工业出版社.

周惠琳，等. 1993. 无机化学实验. 广州：暨南大学出版社.

实验十九　多孔炭的制备及对孔雀石绿的吸附性能研究

一、实验目的

（1）掌握稻壳基多孔炭的制备方法。

（2）通过实验加深理解多孔炭吸附的基本原理。

（3）了解多孔炭对水中孔雀石绿的吸附性能。

（4）掌握多孔炭吸附孔雀石绿的测定方法。

二、实验原理

多孔炭是一种多孔性含碳材料，具有发达的孔隙结构、巨大的比表面积和优良的吸附性能，被广泛应用于环保、食品、医药、化工等领域。近年来，随着人们对环保问题的日趋重视，各行业对多孔炭的需求逐年增加。目前，制备多孔炭的原料主要为植物性木质原料、煤炭原料、石油原料等，这类原料成本较高，给广泛应用带来困难。而农业副产品大多具有一定的含碳量，且廉价易得，是一类优良的多孔炭生产原料。稻壳作为农业副产品中的一种，其产量巨大，但目前大部分稻壳并未被高效利用，因此以稻壳为原料制备高性能多孔炭，并研究产品在吸附领域的应用具有重要意义。

本实验采用氢氧化钾为活化试剂，将稻壳在一定温度下进行处理制备高比表面积、高孔容量的多孔炭，其活化机理如下：

$$4KOH + 2CO_2 \rightleftharpoons 2K_2CO_3 + 2H_2O$$

$$4KOH + C \rightleftharpoons 4K + CO_2 + 2H_2O$$

$$6KOH + C \rightleftharpoons 2K + 3H_2 + 2K_2CO_3$$

$$K_2O + C \rightleftharpoons 2K + CO$$

$$K_2CO_3 + 2C \rightleftharpoons 2K + 3CO$$

$$K_2CO_3 \rightleftharpoons K_2O + CO_2$$

$$C + H_2O \rightleftharpoons H_2 + CO$$

$$CO + H_2O \rightleftharpoons H_2 + CO_2$$

$$2KOH \rightleftharpoons K_2O + H_2O$$

$$K_2O + SiO_2 = K_2SiO_3$$

将得到的产品用于后续对孔雀石绿的吸附研究。

孔雀石绿（malachite green，MG）又称中国绿、苯胺绿、碱性孔雀石绿、品绿和盐基块绿，是一种合成的有毒的三苯甲烷类化合物，既是染料又是一种杀菌剂。它为绿色有金属光泽的晶体，易溶于水，溶于乙醇、甲醇和戊醇，水溶液呈蓝绿色。孔雀石绿被广泛地用作食品添加剂、杀菌剂、驱虫剂和水产业的生物杀灭剂，同时作为一种碱性染料，可用于丝绸、羊毛、黄麻、皮革、棉、造纸和塑胶等。

然而，孔雀石绿对哺乳动物细胞具有高毒性，很难被微生物降解，并可引发肝癌。对人体而言，如果吸入会刺激呼吸道，误食会刺激肠胃，皮肤接触会出现红点并伴有疼痛，眼部接触会导致永久性眼部损伤。由于其致癌性，孔雀石绿在很多国家已经禁用。但部分渔民为防治鱼类感染真菌及在长途贩运中延长鱼类的存活时间，其仍然在使用。处理孔雀石绿的方法有很多，如光触媒降解法、光降解法和吸附法等。本实验采用多孔炭来去除这种污染，同时考察稻壳多孔炭对有机染料的吸附能力。

虽然孔雀石绿是阳离子染料，但是随着体系的变化，其结构与电荷性质会发生变化，其变化如下所示。孔雀石绿尺寸较大且具有可变的形状，因此多孔炭对于孔雀石绿吸附的研究具有理论及应用价值。

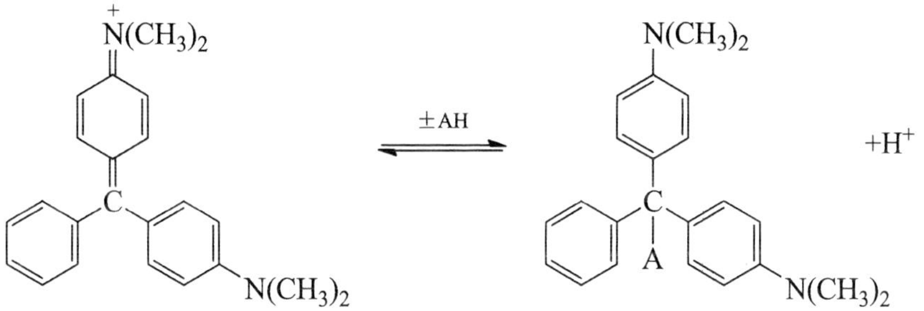

多孔炭在水处理研究中的应用主要是利用多孔炭的物理吸附、化学吸附、氧化、催化氧化和还原等性能来有效地去除水中污染物。水处理过程中使用的多孔炭有粉末炭和粒状炭两类。多孔炭吸附法广泛用于给水处理及废水二级处理出水的深度处理。多孔炭吸附的主要性能参数是吸附量和吸附速率。吸附量是指单位质量多孔炭达到吸附饱和时能吸附的溶质量，与原料、制造过程及再生方法有关。吸附量越大，所用多孔炭越少。吸附速率是指单位质量多孔炭在单位时间内能吸附的溶质量。在吸附过程中，多孔炭的比表面积和孔容量直接影响吸附量。同时，被吸附物质在溶剂中的溶解度、pH 的高低、温度变化和被吸附物质的浓度、分散程度对吸附速率有重要影响。

多孔炭对水中所含杂质的吸附既有物理吸附也有化学吸附作用。有一些被吸附物质先在多孔炭表面积聚浓缩，继而进入固体晶格原子或分子之间被吸附，还有一些特殊物质则与多孔炭分子结合而被吸附。当多孔炭对水中所含杂质吸附时，水中的溶解性杂质在多孔炭表面积聚而被吸附，同时也有一些被吸附物质由于分子的运动而离开多孔炭表面，重新进入水中，即同时发生解吸现象。当吸附和解吸处于动态平衡时，称为吸附平衡。这时，多孔炭和水（即固相和液相）之间的溶质浓度具有一定的分布比值。如果在一定压力和温度条件下，用 m g 多孔炭吸附溶液中的溶质，被吸附的溶质为 x mg，则单位质量的多孔炭吸附溶质的数量 q_e，即吸附量可按下式计算：

$$q_e(\mathrm{mg/g}) = x/m$$

吸附量的大小除了取决于多孔炭的品种外，还与被吸附物质的性质、浓度、水的温度及 pH 有关。一般来说，当被吸附的物质能够与多孔炭发生结合反应，被吸附物质又不容易溶解于水而受到水的排斥作用，且多孔炭对被吸附物质的亲和作用力强，被吸附物质的浓度又较大时，吸附量就比较大。

三、仪器与试剂

仪器：分析天平、振荡器、紫外-可见分光光度计、烘箱、马弗炉、酸度计、磁力搅拌器、真空泵、量筒、烧杯、锥形瓶、搅拌磁子、坩埚、研钵等。

试剂：商用活性炭、稻壳、氢氧化钾（分析纯）、孔雀石绿（分析纯）、去离子水等。

四、实验步骤

1. 稻壳多孔炭的制备

用分析天平称取一定量稻壳，按稻壳与氢氧化钾质量比（g/g）为 1∶2、1∶3、1∶4、1∶5 称取相应质量的氢氧化钾，将稻壳与氢氧化钾在坩埚内混合均匀后放入马弗炉中，将马弗炉升温至 400℃，预活化 30min 后，继续升温至 800℃，进行活化反应 60min 后，将坩埚取出自然冷却至室温，产品用去离子水洗涤、过滤至中性，得到多孔炭产品。将多孔炭放入烘箱中，120℃烘干 10h，用于后续孔雀石绿的吸附实验研究。

2. 多孔炭对孔雀石绿的吸附性能测试

（1）孔雀石绿标准曲线的绘制。

准备配制一系列不同浓度（4.0mg/L、8.0mg/L、10.0mg/L、12.0mg/L、14.0mg/L、16.0mg/L 和 20.0mg/L）的孔雀石绿水溶液，测定样品在 617nm 处的吸光度，用于实验后绘制吸光度-浓度（A-c）的标准曲线。

（2）多孔炭对孔雀石绿的吸附测试。

准备配制 50mg/L、100mg/L 和 150mg/L 三种不同浓度的孔雀石绿溶液。取 50mL 上述溶液于 100mL 锥形瓶中，加入 0.01g 多孔炭样品（不同种类的多孔炭），将待吸附的溶液置于磁力搅拌器上，室温下吸附 60min。鉴于孔雀石绿在见光条件下易分解，整个实验过程均在避光条件下进行。吸附达到平衡后，将溶液过滤，取 10mL 滤液于比色皿中，用紫外-可见分光光度计在孔雀石绿最大吸收波长（617nm）处测其吸光度，通过标准曲线法确定孔雀石绿的浓度。孔雀石绿去除率和吸附量分别按下式计算：

$$\eta = \left(1 - \frac{c_e}{c_0}\right) \times 100\%$$

$$q = \frac{(c_0 - c_e)V}{M}$$

其中，η 为孔雀石绿的去除率，%；c_0 为吸附前孔雀石绿的质量浓度，mg/L；c_e 为吸附达到平衡后孔雀石绿的质量浓度，mg/L；q 为孔雀石绿的吸附量，mg/g；V 为孔雀石绿溶液的体积，L；M 为多孔炭的质量，g。

五、实验结果

（1）绘制孔雀石绿的吸光度-浓度工作曲线（标准曲线）。

（2）根据吸附实验中不同实验条件下滤液的吸光度，计算溶液中孔雀石绿的浓度，同时计算不同多孔炭对孔雀石绿的吸附量。

六、注意事项

（1）使用烘箱和马弗炉加热时，注意相关操作事项，做好防护措施，避免高温烫伤。

（2）实验中使用紫外-可见分光光度计时，注意不要将液体洒落至仪器内部。

七、思考与讨论

（1）不同多孔炭样品对不同浓度孔雀石绿的吸附量有什么区别？分析其原因。哪种多孔炭、在什么实验条件下对孔雀石绿的吸附量更大？

（2）实验结果受哪些因素影响较大？如何减小实验误差？

八、参考文献

韩秀丽，何玉远，郭晓峰，等. 2014. 脱硅稻壳基活性炭对靛蓝吸附性能的研究. 郑州大学学报（工学版），35（3）：1-5.

实验二十　从奶粉中分离、鉴定酪蛋白和乳糖

一、实验目的

（1）掌握分离蛋白质和糖的原理和操作方法。

（2）掌握蛋白质的定性鉴定方法。

（3）了解乳糖的一些性质。

二、实验原理

牛奶的主要成分是水、蛋白质、脂肪、糖和矿物质，其中，蛋白质主要是酪蛋白，而糖主要是乳糖。蛋白质在等电点时溶解度最小，当把牛奶的 pH 调到 4.8（酪蛋白的等电点）时，酪蛋白便沉淀出来。酪蛋白不溶于乙醇和乙醚，可用乙醇和乙醚来洗去其中的脂肪。乳糖不溶于乙醇，在滤去酪蛋白的清液中加入乙醇时，乳糖会结晶出来。

三、仪器与试剂

仪器：烧杯、温度计、420A 酸度计、SHZ-D（HI）真空抽气泵、恒温水浴锅、白纱布、布氏漏斗、锥形瓶、表面皿等。

试剂：乙酸、无水乙醇、95%乙醇、乙醚、碳酸钙粉末、浓硝酸、氢氧化钠溶液、硫酸铜溶液、Fehling 试剂、Tollen 试剂、活性炭、市售奶粉、去离子水等。

四、实验步骤

1. 酪蛋白与乳糖的提取

4g 奶粉与 80mL 40℃温水调配均匀，以 10%乙酸调节 pH = 4.7（用精密 pH 试纸测试），静置冷却，抽滤。滤饼用 6mL 水洗涤，滤液合并到前一滤液中。滤饼依次用 6mL 95%乙醇、6mL 乙醚洗涤，滤液弃去。滤饼即为酪蛋白，晾干称量。

在水溶液中加入 2.5g 碳酸钙粉末，搅拌均匀后加热至沸，过滤除去沉淀，在滤液中加入 1～2 粒沸石，加热浓缩至 8mL 左右，加入 10mL 95%乙醇（注意离开火焰）和少量活性炭，搅拌均匀后在水浴上加热至沸腾，趁热过滤，滤液必须澄清，加塞放置过夜，乳糖结晶析出，抽滤，用 95%乙醇洗涤产品，晾干称量。

2. 酪蛋白的性质

（1）缩二脲反应：取 10mL 酪蛋白溶液，加入 2mL 10%氢氧化钠溶液后，滴入 1mL 1%硫酸铜溶液。振荡试管，观察实验现象（溶液呈蓝紫色）。

（2）蛋黄颜色反应：取 10mL 酪蛋白溶液，加入 2mL 浓硝酸后加热，观察实验现象（有黄色沉淀生成）。再加入 2mL 10%氢氧化钠溶液，观察酪蛋白溶液有什么变化（沉淀为橘黄色）。

3. 乳糖的性质

（1）Fehling 反应：量取 Fehling 试剂 A 和 B 各 3mL，混匀，加热至沸腾后加入 0.5mL 5%乳糖溶液，观察实验现象。

（2）Tollen 反应：在 2mL Tollen 试剂中加入 0.5mL 5%乳糖溶液，在 80℃下加热，观察实验现象（有银镜生成）。

五、实验结果

实验结果见表 2-4。

表 2-4　实验结果

品名	性状	产量	产率

六、注意事项

（1）牛奶在实验前不能放置很久，时间过长则其中的乳糖会慢慢变为乳酸而影响乳糖的分离。

（2）洗涤时注意不要靠近火源。

七、思考与讨论

（1）本实验中是如何将蛋白质和糖分开的？

（2）用乙醇和乙醚洗涤时主要除去的是哪类物质？

（3）加入碳酸钙粉末有什么作用？

八、参考文献

谷珉珉，贾韵仪，姚子鹏. 1991. 有机化学实验. 上海：复旦大学出版社.

兰州大学、复旦大学化学系有机化学教研室. 1994. 有机化学实验. 2 版. 北京：高等教育出版社.

实验二十一　昆虫信息素 2-庚酮的合成

一、实验目的

（1）了解多步有机合成的特点和注意事项。

（2）了解乙酰乙酸乙酯的制备及其在有机合成中的应用。

二、实验原理

昆虫信息素大多是结构简单的醇、酮、酸或酯类化合物。昆虫信息素起着在昆虫之间传递各种信息的作用，对昆虫的行为有着重要的影响。2-庚酮（2-heptanone）作为一种警戒信息素存在于工蜂的颈腺中。2-庚酮可使工蜂聚集并对入侵者发起攻击。乙酸乙酯在碱性条件下缩合，生成乙酰乙酸乙酯，乙酰乙酸乙酯在碱性条件下生成其负离子，再与正溴丁烷作用，经成酮水解，得到 2-庚酮。

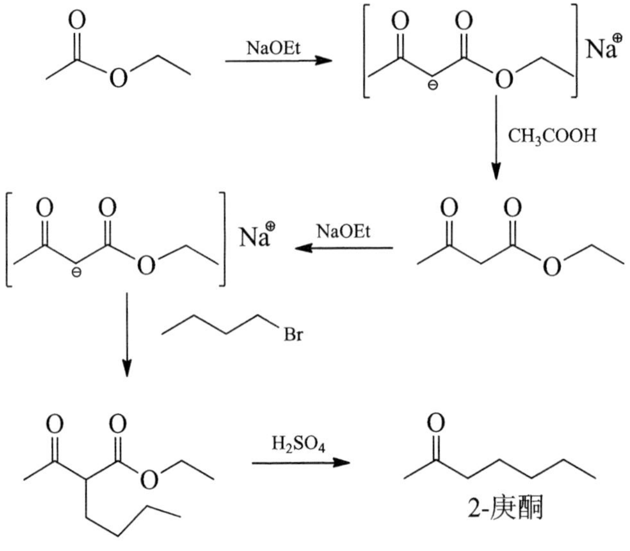

三、仪器与试剂

仪器：三口烧瓶（100mL）、球形冷凝管、常压蒸馏装置、减压蒸馏装置、干燥管、锥形瓶（250mL）、分液漏斗（125mL）、搅拌磁子、圆底烧瓶（250mL）、分液漏斗（250mL）、磁力搅拌器等。

试剂：金属钠、浓盐酸、二甲苯、无水硫酸镁、乙酸乙酯、氢氧化钠溶液、硫酸溶液、乙酸、饱和氯化钠溶液、固体氢氧化钠、无水硫酸钠、二氯甲烷、无水乙醇、氯化钙溶液、正溴丁烷等。

四、实验步骤

1. 乙酰乙酸乙酯的制备

在干燥的 250mL 圆底烧瓶中放入 5g 金属钠（0.22mol）和 25mL 二甲苯，装上球形冷凝管，加热使钠熔融。拆去球形冷凝管，将圆底烧瓶用橡皮塞塞紧，用力振荡，即得细粒状钠珠。稍经放置，钠珠即沉于瓶底。将二甲苯倾出，迅速加入 55mL 乙酸乙酯（50g，约 0.57mol），重新装上球形冷凝管，并在其顶端装一氯化钙干燥管，反应立即开始，并有氢气气泡冒出，当反应很慢时，可稍加热。待剧烈反应后，在石棉网上用小火加热，保持微沸状态，直至所有金属钠全部作用完为止。此时生成的乙酰乙酸乙酯钠盐为橘红色透明溶液（有时析出黄白色沉淀）。待反应物稍冷后，在振摇下加入 50%的乙酸，直至反应液呈弱酸性为止，约需 30mL。这时所有的固体物质都已溶解。将反应物移入分液漏斗，加入等体积的饱和氯化钠溶液，用力振摇，经放置后乙酰乙酸乙酯全部析出，分离出后用无水硫酸钠干燥。然后滤入蒸馏瓶，并以少量乙酸乙酯洗涤干燥剂。在沸水浴上蒸出未作用的乙酸乙酯后，将瓶内物移入 30mL 克氏蒸馏瓶进行减压蒸馏，产量 12～14g（产率 42%～49%）。纯乙酰乙酸乙酯沸点为 180.4℃. 折射率 n_D^{20} 为 1.4192。

2. 2-庚酮的制备

（1）乙酰乙酸乙酯钠的制备。

向盛有 40mL 无水乙醇的 100mL 三口烧瓶中加入 1.7g 切碎了的金属钠，加入速度以维持反应不间断为准。在金属钠反应完成以后，向乙醇钠中加入 9.5mL 乙酰乙酸乙酯（9.8g，75mmol），立即进行下一步反应。

（2）正丁基乙酰乙酸乙酯的合成。

向盛有上述新制备的乙酰乙酸乙酯钠溶液的 100mL 三口烧瓶中加入 9mL 正溴丁烷（11.5g，83mmol），塞紧瓶塞放置一周。一周后将溶液倾入另一个 100mL 三口烧瓶中，装好回流装置（球形冷凝管上端装氯化钙干燥管），缓缓回流至反应完成为止。回流完成后过滤除去溴化钠晶体，蒸馏除去乙醇，然后将烧瓶冷却到 20℃，向反应混合物中加入 60mL 水和 0.8mL 浓盐酸，将反应混合物转移至分液漏斗中，分去水层，用水洗涤有机层。有机层用无水硫酸镁干燥后，进行减压蒸馏（3.3kPa，120～135℃），得正丁基乙酰乙酸乙酯。

（3）2-庚酮的合成。

向 250mL 锥形瓶中加入 5%氢氧化钠溶液和上述正丁基乙酰乙酸乙酯，剧烈搅拌反应混合物 3.5h，然后在搅拌下慢慢加入 11mL 冷的 33%硫酸溶液。当二氧化碳停止放出后，将反应混合物移入 100mL 烧瓶中进行蒸馏，收集 130mL 带水馏出物（此处为简单的水蒸气蒸馏）。向馏出物中加入粒状氢氧化钠，每次一粒，直至红色石蕊试纸刚好呈碱性为止，并将馏出物放置到下次实验，这有助于2-庚酮从带水馏出物中分离出来。分去2-庚酮，水层用2×10mL二氯甲烷萃取，蒸出二氯甲烷，得到残余的2-庚酮。合并酮溶液，用40%氯化钙溶液洗涤三次，粗产物用无水硫酸镁干燥。蒸馏，收集145～152℃的馏分。

五、实验结果

（1）分子式________；分子量________；产量________g；产率________%；性状________。

（2）绘制2-庚酮的分子结构式。

六、注意事项

（1）乙酸乙酯必须绝对干燥，但其中含有1%～2%的乙醇，可将普通乙酸乙酯用饱和氯化钙溶液洗涤数次，再用焙烧过的无水碳酸钾干燥，蒸馏收集76～78℃的馏分。

（2）用乙酸中和时，开始有固体析出，继续加入乙酸并不断振摇，固体会逐渐消失，最后得到澄清的溶液。如果尚有少量固体未溶解，可加少许水使其溶解。但应避免加入过量的乙酸，否则会增加酯在水中的溶解度而降低产量。

（3）乙酰乙酸乙酯沸点与压强的关系见表2-5。

表2-5　乙酰乙酸乙酯沸点与压强的关系

压强/(×133.3Pa)	760	80	60	40	30	20	18	14	12
沸点/℃	181	100	97	92	88	82	78	74	71

（4）应将实验装置固定好，并不时轻轻摇动，以防止溴化钠沉淀引起的暴沸炸裂烧瓶。为了测定反应是否完成，可将一滴反应混合物点在湿润的红色石蕊试纸上，如果仍然呈红色则表示反应已经完成，通常需要回流3～4h。

七、思考与讨论

（1）在制备乙酰乙酸乙酯的过程中，析出的黄白色沉淀是什么物质？

（2）乙酰乙酸乙酯与乙醇钠发生什么反应？为什么？

（3）能不能用本实验所采用的方法制备苯基丙酮？

八、参考文献

余爱农，田大听，王联芝，等. 2015. 应用化学专业实验. 北京：高等教育出版社.

实验二十二 樟脑的还原及红外表征

一、实验目的

（1）熟悉还原剂硼氢化钠的应用。

（2）掌握樟脑的还原方法。

（3）掌握红外吸收光谱的使用方法。

二、实验原理

樟脑存在于樟科植物樟的枝、干、叶及根部，是经提炼制得的颗粒状晶体。樟脑具有通关窍、利滞气、辟秽浊、杀虫止痒、消肿止痛的功效，主治疥癣瘙痒、跌打伤痛、牙痛等症状。它的主要成分为纯的右旋樟脑（d-camphora），是莰类化合物。冰片，又称片脑、橘片、艾片、龙脑香、梅花冰片、羯布罗香、梅花脑、冰片脑、梅冰等，是由菊科艾纳香茎叶或樟科植物龙脑樟树枝、叶经水蒸气蒸馏并重结晶而得，也有用松节油经一系列化学方法制备而得。它可用于闭证神昏、目赤肿痛、喉痹口疮、疮疡肿痛、溃后不敛等，但有毒需慎用。

复合氢化物硼氢化钠与氢化铝锂一样能与醛酮很快地发生反应，但它对水要比锂化物稳定得多。该试剂能还原不饱和醛和酮，而不与双键作用。在本实验中，它将樟脑还原为异冰片和冰片两种产物。在所用条件下，硼氢化钠不能还原酸、酯、酐类和硝基。酰氯能被还原成相应的醇，还原芳香醛时需要加热。

反应式：

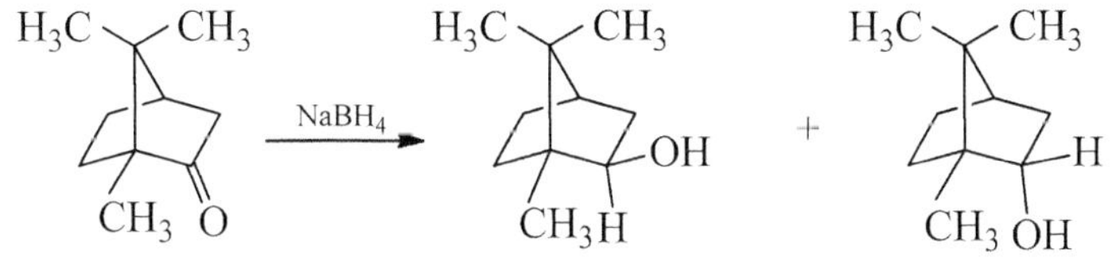

三、仪器与试剂

仪器：锥形瓶、真空升华仪、红外光谱仪、熔点测定仪等。

试剂：樟脑、甲醇、硼氢化钠、去离子水等。

四、实验步骤

在 25mL 锥形瓶中将 0.5g（0.0033mol）樟脑溶于 5mL 甲醇中，于室温下小心地分批加入 0.3g（0.008mol）硼氢化钠，必要时可使用冰水浴以不使温度升高。当所有硼氢化钠加完后，将此锥形瓶于热水浴上加热至硼氢化钠作用完全为止。

将上述反应混合物倒入 15g 碎冰中，待冰全部融化后，有白色固体产生，抽滤，用水洗涤、收集、干燥。此粗产物可利用真空升华方法进行纯化，在减压下异冰片约在 110℃开始迅速升华。收集产物，记录产量并计算产率，用密封的毛细管测定其熔点（纯品熔点约为 212℃）。测定其红外吸收光谱。

五、实验结果

（1）该反应机理为亲核加成，异冰片为主要产物。

（2）与冰片和异冰片的已知红外吸收谱图对比，并解析谱图，指出其主要吸收带的归属。

六、注意事项

（1）硼氢化钠不仅有吸湿性，还与水发生反应，产生氢气，所以锥形瓶在其加入前要进行干燥。

（2）该反应为放热反应，因此硼氢化钠要分批加入，控制反应温度。

（3）用酸分解硼氢化钠时必须小心，放出的氢气属易燃易爆气体。

（4）硼氢化钠能形成碱性溶液，不要接触皮肤，内服有毒。

七、思考与讨论

（1）本实验中硼氢化钠为什么要过量？

（2）硼氢化钠与氢化铝锂的还原性有什么不同？

八、参考文献

麦肯济 C A. 1980. 实验有机化学. 大连工学院有机化学教研组，浙江大学有机化学教研组，译. 北京：人民教育出版社.

尤庆祥. 1998. 药物有机化学实验教程. 成都：成都科技大学出版社.

实验二十三　三苯基苄基氯化鏻的制备

一、实验目的

（1）了解三苯基苄基氯化鏻反应的机理。

（2）掌握三苯基苄基氯化鏻试剂的制备及应用。

二、实验原理

1954 年，德国有机化学家维蒂希（Wittig）等在研究工作中发现许多亚甲基化三苯基膦可以与多种醛、酮反应，经过内鏻盐中间体，最后得到烯烃和三苯基氧膦，反应式为

$$\begin{matrix}R_3\\R_4\end{matrix}\!\!>C=O + Ph_3P=C\!\!<\!\!\begin{matrix}R_1\\R_2\end{matrix} \longrightarrow \begin{matrix}R_3\\R_4\end{matrix}\!\!>C=C\!\!<\!\!\begin{matrix}R_1\\R_2\end{matrix} + Ph_3PO$$

由此得到一个将羰基化合物变成烯烃的通用方法。这一方法称为维蒂希反应。

与消除法和裂解法合成烯烃相比，维蒂希反应具有以下优点：

（1）立体专一性强，可以得到指定结构的烯烃，甚至在与 α,β-不饱和醛酮反应时也很少发生双键移动现象。

（2）该反应于弱碱介质中，在室温或稍高于室温的条件下进行，反应条件温和，故一些对酸或高温敏感的醛、酮、烯等都可以参加反应。

（3）可以使用一些含有羟基、醚、炔等官能团的醛或酮与亚甲基化三苯基膦反应，生成相应的烯烃，而产物不受影响。

由于维蒂希反应具有以上特点，所以它已被广泛应用于天然有机物及其他结构复杂的烯烃化合物的合成中，成为最重要的有机合成反应之一。

维蒂希反应也存在一些不足之处。例如，某些含有吸电子基团的内鎓盐比较稳定，它们与酮类反应时产率很低。为此，改进的维蒂希反应是利用亚磷酸酯与卤代物发生艾伯佐夫（Arbuzov）重排，生成的磷酸酯于强碱介质中形成负碳离子，其活性很强，可发生正常的维蒂希反应。

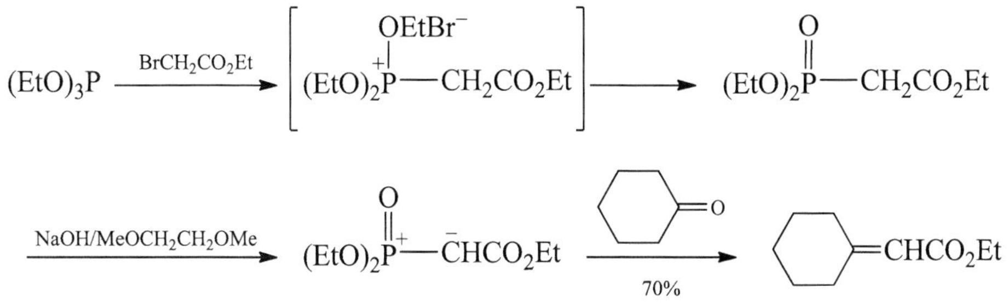

当吸电子基团存在于内鎓盐中时，形成较稳定的内鏻盐，故该反应由热力学因素控制，当使用非极性溶剂时，得到的产物是较稳定的反式异构体。若内鎓盐分子中不存在吸电子基因，或稳定的内鎓盐在反应时改变反应条件，使用质子性溶剂，或在锂盐存在下，则可得到较高产率的顺式烯烃，此时该反应由动力学控制。

维蒂希反应一般分为以下几步进行。

1. 季鏻盐的制备

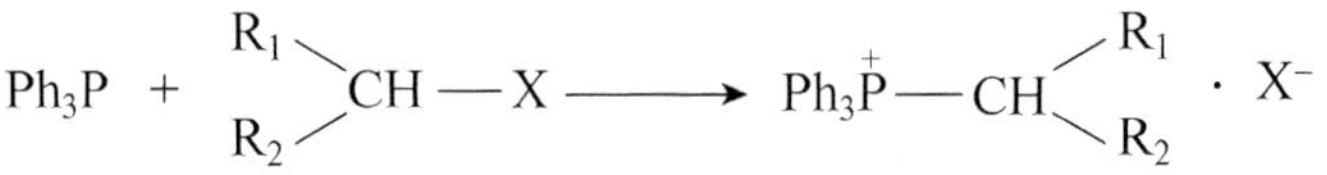

所有卤代物的 α-碳原子上至少要有一个氢原子，才能在形成季鏻盐后遇碱失去卤化氢，转变为亚甲基化膦（即维蒂希试剂）。

2. 维蒂希试剂的制备

反应中所用的碱一般为苯基锂或丁基锂，也可以用氢化钠、三苯甲基钠、乙炔钠、六氢吡啶化锂等，有时也用氨基钠在液氨中进行反应。近期，相转移技术的使用使维蒂希反应也可在有水介质中，以氢氧化钠为碱顺利进行。其反应溶剂一般为乙醚、苯、四氢呋喃、*N*, *N*-二甲基甲酰胺等，当采用氢化钠进行反应时，通常用二甲基亚砜作为溶剂。

在羰基化合物存在下，为使季鏻盐转化为亚甲基化膦后立即发生维蒂希反应，常用醇钠（钾、锂）为碱，溶剂则选用醇。

亚甲基化膦有下列两种互变异构体：

当它与羰基化合物发生反应时，其活性取决于它的亲核性，即取决于 α-碳原子的电负性。当 R_1、R_2 是氢或烷基时，这些亚甲基化膦很活泼。在制备这一类亚甲基化膦时，要在惰性气体保护下，防止空气中的氧和水汽的侵入，反应介质也要干燥，并且不能含酸。当 R_1、R_2 为吸电子基团时，则其亲核性弱，比较稳定，同时其反应性能也随着吸电子能力的加大而降低，为此可使用改良的维蒂希试剂磷酸脂代替季鏻盐。当 R_1、R_2 均为苯基时，它与水、醇、酸均不发生反应，也不能与羰基化合物发生维蒂希反应。

3. 维蒂希反应

亚甲基化三苯基膦和羰基化合物的反应，是亲核的亚甲基碳原子作用于亲电的羰基原子，经过内盐阶段形成四元环过渡态，再分解成三苯氧膦，即

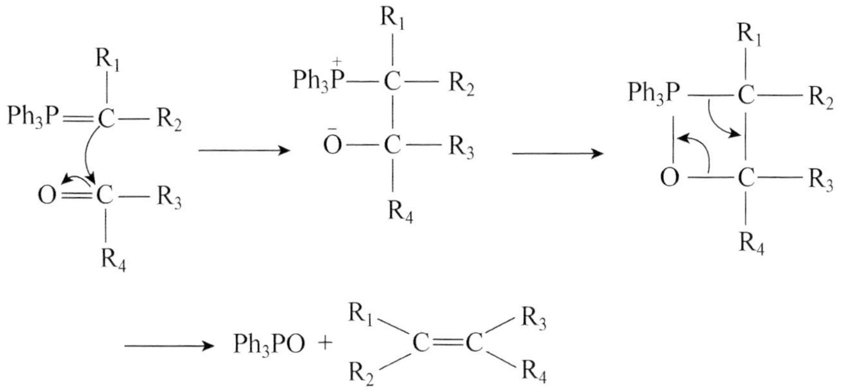

在形成四元环过渡态时，R_1、R_2中较大的基团和R_3、R_4中较大的基团由于空间位阻而处于四元环平面的两侧，因此在分解为烯时通常以反式化合物为主。

三、仪器与试剂

仪器：三口烧瓶、电动搅拌器、电热套、循环水式多用真空泵、红外灯、熔点测定仪、红外光谱仪、核磁共振仪等。

试剂：氯化苄、三苯基膦、二甲苯、肉桂醛、金属钠、无水乙醇、95%乙醇、环己烷、去离子水等。

四、实验步骤

1. 三苯基苄基氯化鏻的制备

（1）反应式。

$$Ph_3P + PhCH_2Cl \longrightarrow Ph_3\overset{+}{P}CH_2Ph\overset{-}{Cl}$$

（2）操作步骤。

在 250mL 三口烧瓶中加入 6.6g（0.052mol）氯化苄、18.4g（0.07mol）三苯基膦和 100mL 二甲苯。开启电动搅拌器，加热回流 6～12h。反应结束后，当反应物冷却至 60℃时，即可见有鏻盐析出，反应物冷却至室温后，抽滤，并用 30mL 二甲苯洗涤得到的白色结晶固体。可在红外灯下烘干、称量，并计算产率。

纯品三苯基苄基氯化鏻的熔点大于 300℃。

2. 1, 4-二苯基-1, 3-丁二烯的合成

（1）反应式。

$$Ph-CH=CH-CHO+Ph_3\overset{+}{P}CH_2Ph\overset{-}{Cl}\xrightarrow[C_2H_5OH]{C_2H_5ONa}$$
$$Ph-CH=CH-CH=CH-Ph+Ph_3P=O$$

（2）操作步骤。

在 500mL 三口烧瓶中加入 40mL 无水乙醇、11.2g（0.03mol）三苯基苄基氯化鏻和 4.1g（0.03mol）肉桂醛。开启电动搅拌器使反应物混合均匀，在搅拌下逐滴加入 1.2g 金属钠与 150mL 无水乙醇形成的乙醇钠溶液，观察反应液的颜色变化。再将反应混合物放置 0.5h 后，加入 140mL 去离子水，有固体产物出现，抽滤，用 60%乙醇（由 95%乙醇配制）洗涤产物。用环己烷重结晶后可得无色鳞片状结晶。称量，并计算产率，测定熔点、红外吸收光谱和核磁共振谱，并与 1, 4-二苯基-1, 3-丁二烯的已知谱图对比。

五、实验结果

解析谱图，指出主要吸收带的归属。纯品 1, 4-二苯基-1, 3-丁二烯的熔点为 152℃。

六、注意事项

（1）苄氯蒸气对眼睛有强烈的刺激作用，转移时切勿滴在瓶外。如果不慎沾在手上，应用水冲洗后再用肥皂擦洗。

（2）有机膦化合物通常是有毒的，与皮肤接触后应立即用肥皂擦洗。

七、思考与讨论

（1）利用维蒂希反应制备烯烃的优点是什么？

（2）金属钠的作用是什么？

（3）什么是稳定的维蒂希试剂？

八、参考文献

王葆仁. 1981. 有机合成反应（上册）. 北京：科学出版社.

Norman R O C. 1978. Principles of Organic Synthesis. 2nd ed. New York：Chapman and Hall Ltd.

实验二十四　4-苯基-2-丁酮的合成

一、实验目的

（1）掌握乙酰乙酸乙酯的化学性质。

（2）了解乙酰乙酸乙酯在有机合成中的应用。

二、实验原理

4-苯基-2-丁酮（4-phenyl-2-butanone）存在于烈香杜鹃的挥发油中，具有止咳、祛痰的作用。作为治疗剂，它通常被制成亚硫酸钾或亚硫酸氢钠的加成物，便于服用和存放，同时不影响药效。本实验将其制成亚硫酸氢钠的加成物。

乙酰乙酸乙酯的钠盐在醇溶液中可与卤代烷发生亲核取代反应，生成一烷基或二烷基取代的乙酰乙酸乙酯。取代乙酰乙酸乙酯有两种水解方式，即成酮水解和成酸水解。用冷的稀碱溶液处理，酸化后加热脱羧，发生成酮水解，可用来合成取代酮；若与浓碱在醇溶液中加热，则发生成酸水解，生成取代酸。

反应式：

$$CH_3COCH_2CO_2C_2H_5 \xrightarrow[C_2H_5OH]{NaOC_2H_5} \overset{+}{Na}\left[CH_3COCHCO_2C_2H_5\right]^-$$

$$\xrightarrow{C_6H_5CH_2Cl} \underset{\displaystyle |\atop \displaystyle CH_2C_6H_5}{CH_3COCHCO_2C_2H_5} \xrightarrow[H_2O]{NaOH} \xrightarrow[-CO_2]{HCl}$$

$$CH_3COCH_2CH_2C_6H_5 \xrightarrow[H_2O]{Na_2S_2O_5} CH_3\overset{\displaystyle OH \atop \displaystyle |}{\underset{\displaystyle | \atop \displaystyle SO_3Na}{C}}CH_2CH_2C_6H_5$$

三、仪器与试剂

仪器：三口烧瓶、锥形瓶、电动搅拌器、电热套、球形冷凝管、滴液漏斗、分液漏斗、温度计、折光仪、减压蒸馏装置等。

试剂：金属钠、乙酰乙酸乙酯、氯化苄、无水乙醇、焦亚硫酸钠、氢氧化钠、浓盐酸、95%乙醇、去离子水等。

四、实验步骤

1. 4-苯基-2-丁酮的制备

在装有电动搅拌器、球形冷凝管和滴液漏斗的250mL干燥的三口烧瓶中，加入25mL无水乙醇，在球形冷凝管上口安装氯化钙干燥管。分批向瓶内加入1.8g（0.08mol）切成小片的金属钠，加入速度以维持溶液微沸为宜。待金属钠全部作用完后，开动搅拌，室温下滴加10mL（10.2g，0.08mol）乙酰乙酸乙酯，加完后继续搅拌10min。再慢慢滴加10mL（11.0g，0.08mol）氯化苄，约15min加完，这时有大量白色沉淀生成（发生了什么反应？）。将三口烧瓶在水浴上加热回流1.5h，反应物为呈米黄色的乳状液。停止加热，稍冷后慢慢滴加由4g氢氧化钠和30mL去离子水配成的溶液，约15min加完。此时溶液由米黄色变为橙黄色，并呈强碱性。将反应混合物加热回流2h，有油层析出，水层pH为8～9。停止加热，冷却至40℃以下，缓缓加入约10mL浓盐酸，至pH为1～2，约15min加完。将酸化后的溶液加热回流1h进行脱羧反应，直到无二氧化碳气泡逸出为止。稍冷后改为蒸馏装置，在水浴上将低沸点物蒸出，馏出液体积为30～40mL。冷却后将反应物转入分液漏斗，分出红棕色有机相。粗油为9～10g，含量70%～75%，即4-苯基-2-丁酮和副产物（主要是苄基取代物及未水解的产物）。粗油无须提纯即可用于制备亚硫酸氢钠加成物。

2. 亚硫酸氢钠加成物的制备

在100mL锥形瓶中加入上述得到的粗油和35mL 95%乙醇，在水浴上加热至60℃制成乙醇溶液备用。

在装有电动搅拌器、球形冷凝管和温度计的三口烧瓶中，加入6.3g（0.033mol）焦亚硫酸钠和27.5mL去离子水，加热至80℃左右，搅拌使固体溶解。在搅拌下将上述粗油的乙醇溶液自冷凝管顶端慢慢加到三口烧瓶中，加热回流15min，得到透明溶液。冷却让其结晶，抽滤，并用少量乙醇洗涤，得白色片状结晶，为4-苯基-2-丁酮亚硫酸氢钠加成物。进一步提纯可用70%乙醇重结晶，干燥后得加成物纯品3～4g。

五、实验结果

纯4-苯基-2-丁酮为无色透明液体，沸点为233～234℃[96～102℃/1.07～1.20kPa（8～9mmHg）]，折射率$n_D^{20}=1.5110$。

如需制备纯4-苯基-2-丁酮，可在脱羧反应后将溶液冷至室温，用稀氢氧化钠溶液调节至中性，每次用15mL乙醚萃取3次，合并醚萃取液，经水洗后用无水氯化钙干燥，在水浴上蒸去乙醚后减压蒸馏，收集96～102℃/1.07～1.20kPa（8～9mmHg）馏分。

六、注意事项

（1）本实验第一步制备要求仪器干燥并使用无水乙醇，乙醇中所含少量的水会明显降低产率。

（2）制备醇钠时，待加入的钠应置于干燥锥形瓶中并塞紧瓶口。

（3）乙酰乙酸乙酯储存时间过长会出现部分分解，用时需经减压蒸馏重新纯化。

（4）浓盐酸滴加速度不宜太快，以防止酸分解时逸出大量二氧化碳而冲料。

七、思考与讨论

（1）乙酰乙酸乙酯在合成上有什么用途？

（2）烷基取代乙酰乙酸乙酯与稀碱和浓碱作用将分别得到什么产物？

八、参考文献

费歇尔 L F，威廉森 L. 1980. 有机实验. 左育民，等译. 北京：高等教育出版社.

兰州大学、复旦大学化学系有机化学教研室. 1994. 有机化学实验. 2 版. 北京：高等教育出版社.

实验二十五　卡宾反应——扁桃酸的合成

一、实验目的

（1）学习扁桃酸合成的原理。

（2）学习相转移（PT）催化反应。

（3）掌握分液、重结晶等基本操作。

二、实验原理

扁桃酸又名苦杏仁酸，是有机合成的中间体和口服治疗尿道感染的药物。它含有一个不对称碳原子，化学方法合成得到的是外消旋体，用旋光性的碱（如麻黄素）可拆分为具有旋光性的组分。扁桃酸传统上可用扁桃腈[$C_6H_5CH(OH)CN$]和 α,α-二氯苯基乙酮[$C_6H_5COCHCl_2$]的水解来制备，但合成路线长、操作不便且安全性差。本实验采用相转移催化反应，一步即可得到产物，显示了相转移催化的优点。

卡宾（carbene）是通式为 R_2C∶的活性中间体的总称，其中碳原子与两个原子或基团以 σ 键相连，另外还有一对非键电子。最简单的卡宾是亚甲基（∶CH_2），二卤卡宾（∶CX_2）则是常见的取代卡宾。由于碳原子周围只有六个外层电子，所以卡宾具有很强的亲电性。

卡宾最典型的反应是与碳碳双键发生加成反应，生成环丙烷及其衍生物，这是合成三元环的主要方法，即

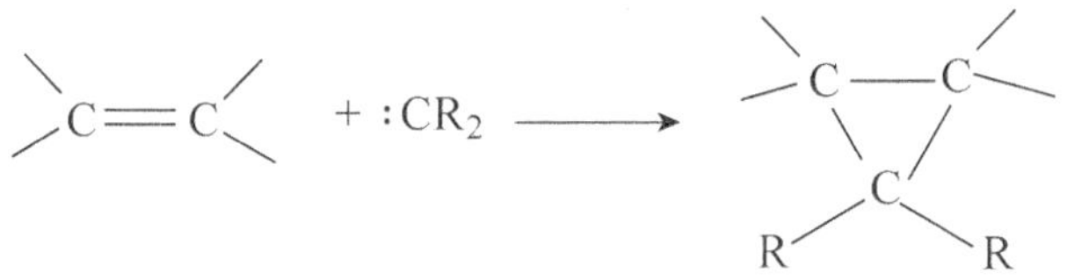

也可以与碳氢键发生插入反应，即

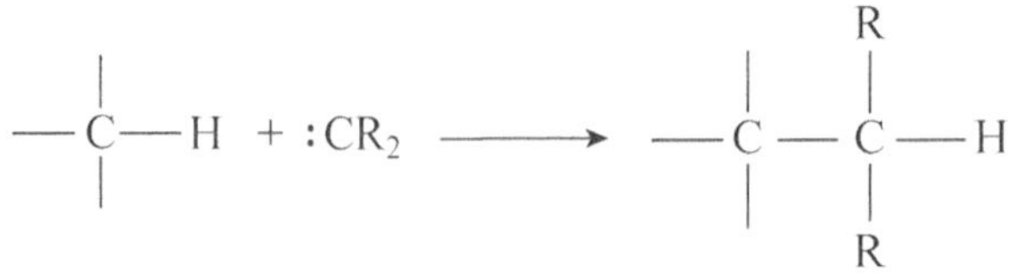

但二卤卡宾一般不能发生这一反应。

制备卡宾的方法较多，实验室常用的有两种。一种是重氮化合物光或热分解：

$$[R_2C=\overset{+}{N}=N^- \rightleftharpoons R_2\bar{C}-\overset{+}{N_2}] \xrightarrow{\text{光或热}} R_2C\colon + N_2\uparrow$$

另一种是 α-消去反应。三卤甲烷在强碱作用下，先生成三卤甲基碳负离子，它接着脱去一个卤负离子，产生二卤卡宾。例如：

$$HCCl_3 + HO^- \rightleftharpoons H_2O + \colon\bar{C}Cl_3$$

$$\colon\bar{C}Cl_3 \rightleftharpoons \colon CCl_2 + Cl^-$$

由于重氮化合物不稳定，有爆炸危险，制备时需极为谨慎；相比之下，α-消去反应则既安全又方便，但产率偏低。

利用二卤卡宾反应制备三元环，传统的方法是在无水叔丁醇中用叔丁醇钾与氯仿反应。该反应需要较长时间，且必须在无水条件下进行，但在少量相转移催化剂（phase transfer catalyst）存在下，可用氢氧化钠水溶液代替叔丁醇钾，且反应时间明显缩短，产率较高。例如：

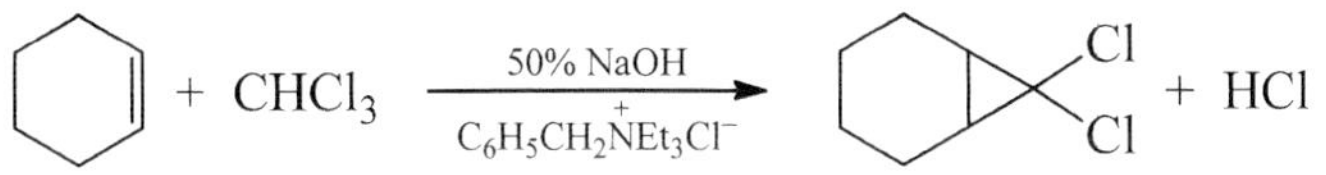

相转移催化是 20 世纪 60 年代以来在有机合成中应用日趋广泛的一种新的合成方法。在有机合成中，常遇到水溶性的无机负离子和不溶于水的有机物之间的反应，这种非均相反应在通常条件下，速率慢、产率低，甚至有时很难发生。但是如果用水溶解无机盐，用极性小的有机溶剂溶解有机物，并加入少量（通常为 0.05mol 以下）的季铵盐或季鏻盐，反应则容易进行。这些能提高反应速率并促进在两相之间转移负离子的鎓盐称为相转移催化剂。常用的鎓盐有苄基三乙基氯化铵（TEBA）、四丁基硫酸氢铵（TBAB）和三辛基甲基氯化铵等。

扁桃酸合成的反应式：

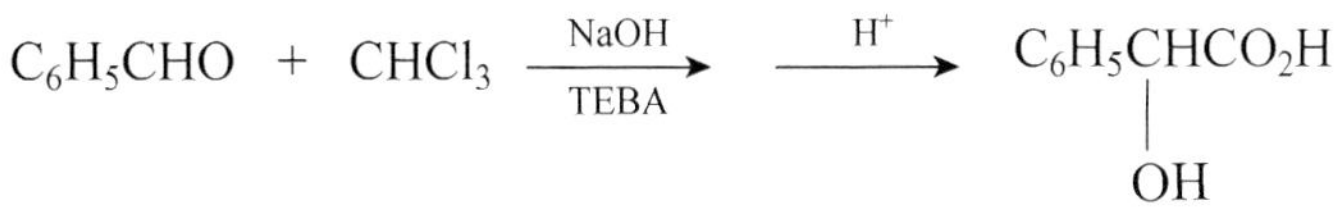

反应机理一般认为是，反应中产生的二氯卡宾对苯甲醛的羰基加成，再经重排及水解：

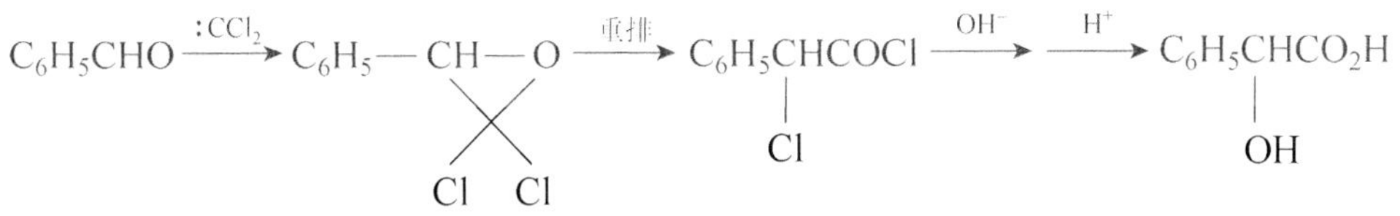

三、仪器与试剂

仪器：电动搅拌器、球形冷凝管、温度计、水浴蒸馏仪、锥形瓶、圆底烧瓶、三口烧瓶、烧杯等。

试剂：三乙胺、苄氯、二氯乙烷、苯甲醛（新蒸）、氯仿、氢氧化钠、乙醚、硫酸、甲苯、无水硫酸钠、无水乙醇、丙酮、石油醚、去离子水等。

四、实验步骤

1. TEBA 的制备

取 8.4g（11.8mL）三乙胺、10g 苄氯及 40mL 二氯乙烷于圆底烧瓶中，加热回流 2h，反应完成后冷却，析出结晶，过滤、干燥，把铵盐溶于少量的丙酮中，加乙醚再沉淀可得到高纯度 TEBA。

2. 扁桃酸的合成

在锥形瓶中小心配制 13g 氢氧化钠溶于 13mL 去离子水的溶液，在水浴中冷至室温。在装有电动搅拌器、球形冷凝管和温度计的 100mL 三口烧瓶中，加入 6.8mL（7.1g，0.067mol）苯甲醛、0.7g TEBA 和 12mL（18.0g，0.15mol）氯仿。开动搅拌，在水浴上加热，待温度上升至 50～60℃时，自球形冷凝管上口慢慢滴加配制的 50%氢氧化钠溶液。滴加过程中控制反应温度在 50～60℃，需 45min 到 1h 加完。加完后，保持此温度继续搅拌 1h。

将反应液用 140mL 去离子水稀释，每次用 15mL 乙醚萃取两次，合并乙醚萃取液，倒入指定容器待回收乙醚。此时水层为亮黄色透明状，用 50%硫酸酸化至 pH 为 1～2 后，再每次用 30mL 乙醚萃取两次，合并酸化后的醚萃取液，用无水硫酸钠干燥。在水浴上蒸去乙醚，并用水泵减压抽净残留的乙醚（产物在醚中溶解度大），得粗产物 6～7g。将粗产物用甲苯-无水乙醇（8∶1，体积比，每克粗产物约需 3mL）进行重结晶，趁热过滤，滤液在室温下放置使晶体慢慢析出。冷却后抽滤，并用少量石油醚（30～60mL）洗涤促使其快干。

五、实验结果

（1）产品为白色结晶，产量 4～5g，熔点 118～119℃。

（2）在滴加完 50%氢氧化钠溶液时，可用 pH 试纸测其酸度，应接近中性，否则可适当延长反应时间。

（3）粗产物用纯甲苯（每克约需 1.5mL）进行重结晶也行。

六、注意事项

（1）相转移催化是非均相反应，搅拌必须充分，这是实验成功的关键。

（2）反应液呈浓稠状，腐蚀性极强，应小心操作。

（3）盛碱的分液漏斗应及时清洗。

七、思考与讨论

（1）本实验中，酸化前后两次用乙醚的目的分别是什么？

（2）根据相转移催化原理，写出本反应中离子的转移和二氯卡宾的产生及反应过程。

八、参考文献

兰州大学、复旦大学化学系有机化学教研室. 1994. 有机化学实验. 2 版. 北京：高等教育出版社.

实验二十六　旋光异构体的拆分——α-苯乙胺的合成

一、实验目的

（1）了解刘卡特（Leuchart）反应合成伯胺的机理，掌握实验操作方法。
（2）掌握外消旋 α-苯乙胺拆分的原理和方法。
（3）掌握用旋光仪检测手性化合物的方法。

二、实验原理

在非手性条件下，由一般合成反应所得的手性化合物为等量的对映体组成的外消旋体，在一对对映体中，往往只是其中之一具有较大的应用价值，如手性化合物广泛存在于天然产物和药物分子中，因此，对外消旋体的合成与拆分具有重要的意义。在非手性条件下，要拆分一对对映体，普通的分离方法（如蒸馏、重结晶等）是无能为力的。

拆分外消旋体最常用的方法是设法将一对对映体转变为非对映体，然后再利用二者物化性质的区别，将它们分开、制纯，再分别将非对映体分解，得到两个纯的对映体。这种方法一般需要被拆分的分子中含有易发生反应的基团，如羧基、氨基等，然后让它与一种纯的（+）或（–）光活性化合物（拆解剂）反应，形成盐，这样就将一对对映体变成两种非对映体。非对映体大多具有不同的物理性质，经常利用其溶解性、结晶性的不同将它们分离和精制，然后再去掉拆解剂，达到拆分的目的。

Leuchart 反应是用醛或酮在高温下与甲酸铵反应得到伯胺的方法，例如：

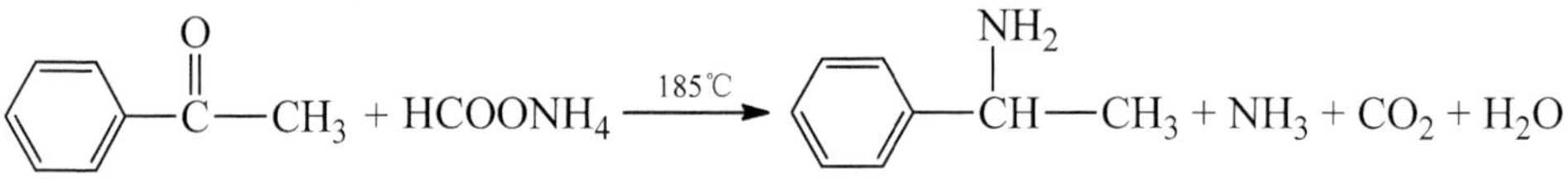

上述反应得到的是（±）-α-苯乙胺，即外消旋体，具体反应为

$$C_6H_5COCH_3 + 2HCOONH_4 \longrightarrow C_6H_5CH(NHCHO)CH_3 + 2H_2O + NH_3 + CO_2$$

$$C_6H_5CH(NHCHO)CH_3 + H_2O + HCl \longrightarrow C_6H_5CH(NH_3Cl)CH_3 + HCOOH$$

$$C_6H_5CH(NH_3Cl)CH_3 + NaOH \longrightarrow C_6H_5CH(NH_2)CH_3 + NaCl + H_2O$$

（±）-α-苯乙胺分子中含有氨基，可用纯的（+）-酒石酸作为拆解剂，形成盐，得到两种非对映体，最终实现外消旋体的拆分：

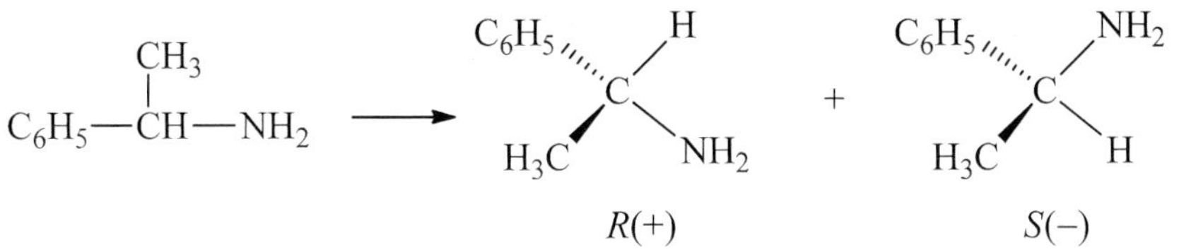

三、仪器与试剂

仪器：磁力搅拌器、电炉、旋转蒸发仪、抽气泵及抽气过滤仪器、球形冷凝管、直形冷凝管、空气冷凝管、三口烧瓶、锥形瓶、圆底烧瓶及蒸馏仪器、温度计、分液漏斗、水蒸气发生器及玻璃仪器、移液管、旋光仪、核磁共振仪等。

试剂：甲酸胺、苯乙酮、甲苯、（+）-酒石酸、（±）-α-苯乙胺（自制）、甲醇、乙醚、盐酸、氢氧化钠、饱和食盐水、无水硫酸钠、无水硫酸镁、去离子水等。

四、实验步骤

1. α-苯乙胺的合成

在 50mL 三口烧瓶中加入 9g 苯乙酮、15g 甲酸胺及沸石，接上蒸馏装置，温度计的水银球浸入反应混合物中，用小火缓缓加热。当温度升至 140℃左右时，便有物质蒸出，继续缓慢加热至 185℃，整个升温过程大约 3h。此时，水、苯乙酮及甲酸胺被蒸出，将上层苯乙酮倒回反应瓶中，再于 180～185℃加热反应 3h。冷却后加入 10mL 去离子水，于分液漏斗中分出水层。有机层中加入 10mL 稀盐酸及沸石，于圆底烧瓶中加热微沸 1h。冷却后用 30mL 甲苯或乙酸乙酯分三次萃取。水层置于 250mL 圆底烧瓶中，并加入 20mL 50%氢氧化钠溶液进行水蒸气蒸馏。馏出液经分离后，水层用 20mL 甲苯或乙酸乙酯分两次萃取。合并有机层，以氢氧化钠干燥过夜。滤液蒸除溶剂后，减压蒸馏，收集产物 α-苯乙胺。其熔点为 82～83℃/18mmHg，产率为 60%～66%。利用核磁共振仪确定产物。

2. 外消旋 α-苯乙胺的拆分——（S）-（–）-α-苯乙胺的分离

在 100mL 锥形瓶中加入 50mL 甲醇和 3.8g（+）-酒石酸，慢慢加入 3g（±）-α-苯乙胺，于室温下放置 24h，即可生成棱柱状的晶体，抽滤，所得溶液供分出（+）-α-苯乙胺用，所得晶状固体用甲醇洗涤两次，干燥后得（+）-酒石酸（–）-α-苯乙胺盐，称量，计算产率并测定熔点、比旋光度。

将上述所得（+）-酒石酸（–）-α-苯乙胺盐晶体溶于 10mL 去离子水中，加入 2mL 50%氢氧化钠溶液碱化，用 4×10mL 乙醚萃取。合并乙醚溶液，用 20mL 饱和食盐水洗涤后，以无水硫酸镁干燥过夜，滤除干燥剂，蒸出乙醚，减压蒸馏收集（–）-α-苯乙胺，沸程为 81～81.5℃/18mm Hg，称量，并计算产率。用核磁共振仪鉴定产物，用旋光仪检测产物的纯度。也可用柱层析得到（–）-α-苯乙胺。纯（–）-α-苯乙胺的比旋光度为–40.3，计算产物的光学纯度。

五、实验结果

计算合成 α-苯乙胺的产率，计算（–）-α-苯乙胺的光学纯度。在实际工作中很难将对映体完全分离，常用光学纯度（op）表示被拆分后对映体的纯净程度，它等于样品的比旋光度（$[\alpha]$）除以纯对映体的比旋光度：

$$\text{光学纯度（op）} = \frac{\text{样品的}[\alpha]}{\text{纯物质的}[\alpha]} \times 100\%$$

六、注意事项

（1）由于甲苯、甲醇具有一定的毒性，反应应在通风橱中进行。

（2）有机试剂应做无水处理。

（3）本实验反应温度较高，需小心控制。

七、思考与讨论

（1）上层有机液倒回反应瓶中的目的是什么？

（2）反应最后加入 50%氢氧化钠溶液的目的是什么？

（3）拆分外消旋体还有什么方法？

八、参考文献

韩广甸，等. 1985. 有机制备化学手册（下卷）. 北京：化学工业出版社.

霍宁 E C. 1981. 有机合成(第二集). 南京大学化学系有机化学教研室，译. 北京：科学出版社.

兰州大学. 2010. 有机化学实验. 3 版. 北京：高等教育出版社.

实验二十七　激光粒度分析仪测定粉体材料粒度

一、实验目的

（1）了解粉体材料粒度的测定方法及激光粒度分析的原理。

（2）掌握激光粒度分析仪的操作方法及注意事项。

二、实验原理

粉体材料颗粒大小的不同，会使其具有不同的性能和不同的用途。特别是超细粉体材料，由于颗粒尺寸小、比表面积大，有许多与相同组成的常规材料不同的性质，在力学、电学、磁学、光学、热学及化学等领域有许多特殊的性能，在国民经济、高科技领域具有重要价值，存在着广阔的应用前景。而颗粒的尺寸大小和分布参数与颗粒的特性密切相关，同时也是粉体材料的生产制备和应用中的一个非常重要的指标。因此，粉体颗粒测试方法和测试技术是颗粒研究的一个重要方面，也是产品物性指标控制中的关键技术内容。当前，测定颗粒粒度的方法和装置很多，由于其对粒径测定的原理各不相同，因此对同一种物料用不同的方法测试，所得的结果可能也会不同。即使是对同一种物料用同一种方法，但由于操作者不同，也可能会得到相差较大的结果。而迅速、可靠性好的粒度分析设备及测定方法是粉体材料粒度控制的重要手段。粉体粒度的测定方法主要包括干法筛析、湿法筛析、光学显微镜、液相沉降、离心沉降、库尔特计数器、电子显微镜、气相或液相吸附、激光衍射、光子相关光谱、小角度 X 射线衍射等。

激光粒度分析仪对颗粒粒度的分析具有快速、准确、便捷、工作状态可靠、重复性好的特点，因而得以迅速推广使用。同样，虽然仪器本身对测定结果的影响很小，但样品的分散条件、物料的性质及操作条件的选择等，都对测定结果有很大的影响。目前，粒度测定方法并没有一个特定的通用标准，许多人对各自行业所需粉体的粒度进行过研究。

本实验用激光粒度分析法，采用 LS-603 型（有循环泵）激光粒度分析仪。其工作方框图如图 2-10 所示。光线在行进中遇到微小颗粒时，将发生散射现象，颗粒越大，散射角将会越小，颗粒越小，则散射角越大。这种现象可用电磁波理论准确描述。因此，只要测得散射光的分布情况，就可推算出颗粒的大小。根据这一原理，近几年制成了激光粒度分析仪。

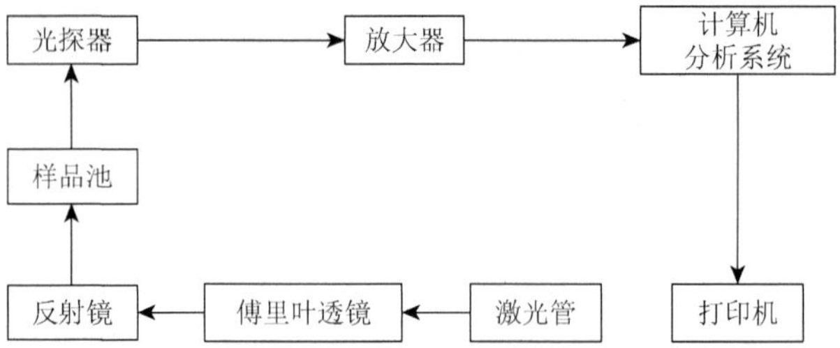

图 2-10　工作方框图

三、仪器与试剂

仪器：量筒、LS-603 型激光粒度分析仪（分散剂：六偏磷酸钠，测量范围：0.1～500μm，激光器类型：He-Ne 激光器，激光输出功率：2.0～3.5mW，激光波长：0.6328μm，数据采样时间：1～2s，数据分析时间：≤2min）、超声波振荡器、循环进样器等。

试剂：待测颗粒粉体。

四、实验步骤

1. 实验前准备

（1）选择合适的溶液（如水、乙醇等），固体粉末必须分散（不能有漂浮现象）在液体中才能被测量。溶液不能与粉末发生化学反应，不能溶解粉末，不能使粉末膨胀凝结等。

（2）选择合适的分散剂（如六偏磷酸钠、乙醇等）。分散剂的作用是破坏溶液的表面张力，减弱粉末颗粒之间的团聚力，使粉末更容易地分散在溶液中。

（3）选择适当的超声振荡时间，一般为 2～5min。

2. 分散步骤

取量筒，加入约 2mL 分散剂（不需要分散的则可不放），取适量的粉末样品放入量筒（遮光比为 5%～25%），加入 40mL 左右的溶液，摇晃均匀。将量筒放入超声波振荡器，振动 2～3min 后取出。

3. 测量步骤

（1）开主机，预热 15min。

（2）计算机选择 OMEC603，屏幕出现光能分布图。

（3）系统对中。激光束的中心与环行光电探测器的中心调成一致。背景光能分布中零环最高。

（4）系统参数设置。点击新建，输入各项数据。

（5）将样品分散好。

（6）背景测量，开启循环进样器，消除背景。

（7）将分散好的样品溶液移入洁净的样品池后全部倒入循环进样器，摇匀，屏幕上显示出光能分布图。待信号稳定后，点击样品测量分析。

（8）分析完成，阅读报告。

（9）报告格式的修改。点击参数设置，可修改报告格式。

（10）打印或储存数据。

五、实验结果

（1）试样浓度的影响：取不同浓度的样品进行测试。

悬浮液中的颗粒由于布朗运动发生碰撞聚沉，颗粒的碰撞频率是影响颗粒聚沉的直接因素，因而在测定粒度时，悬浮液中的颗粒浓度也必须考虑。同时，由于粉体颗粒尺寸大小的不同，单位质量的粉体其颗粒数是不同的，因此，并不能以一般的浓度来表示粒度测定时的浓度，而应以测定时的遮光比来表示。

（2）分散时间的影响：取不同分散时间进行测试。

由于超细粉体具有较高的比表面能，它能通过团聚来降低比表面能而达到稳定状态，这是一种软团聚，用适当的超声分散能打碎软团聚，从而能准确地测定其粒度。有些团聚是在粉体的焙烧过程中形成的硬团聚，难以用超声分散粉碎。但是如果粉体颗粒结构比较松散，如结晶碳酸铈，较易被超声波振动击碎，则不宜用超声波进行长时间分散，以免粉体试样颗粒经超声波分散后再次破碎，颗粒变小，导致测量误差。

（3）折射率的影响：取不同的折射率对测试结果进行分析。

每种粉体颗粒的结晶状况及颜色是有差别的，激光粒度分析过程中被测试样粉体折射率对测定结果的影响很大。

（4）分散剂的影响：取不同的分散剂进行测试。

分散剂的种类和浓度对测定结果也有一定影响。由于所用分散剂种类的不同，其分散效率也随之变化。六偏磷酸钠具有较好的分散效率。

六、注意事项

（1）严格按照设备操作规程，勿违规操作。

（2）实验完成后用去离子水清洗样品室。

七、思考与讨论

（1）固体粉末必须悬浮在液体溶液中才能被测量，选择溶液应注意什么？

（2）试样的悬浮液浓度高低对测定结果有什么影响？

八、参考文献

陈南春. 2000. 影响 OMEC 激光粒度分析仪测试精确度的主要因素——以红辉沸石作粉体试样为例. 桂林工学院学报，4（2）：203-205.

郭永彩，高潮，胡学东，等. 2000. 微细颗粒粒度分析方法与测试技术. 重庆大学学报（自然科学版），23（5）：100.

彭人勇，陈庆春，王廷吉，等. 2000. 影响粉体粒度测定准确性的研究. 中国粉体技术，6：196-198.

燕辉. 1994. 颗粒粒度分布测试精度的影响. 石油大学学报，9（4）：106-110.

实验二十八　发酵调味品中防腐剂测试方法研究

一、实验目的

（1）熟悉高效液相色谱仪的基本结构及操作方法。

（2）掌握高效液相色谱仪保留值定性方法和内标定量方法。

（3）了解反相高效液相色谱法的基本应用。

二、实验原理

尼泊金酯的化学名称为对羟基苯甲酸酯。尼泊金酯系列是目前世界上应用领域最广、用量最大、使用频率最高的防腐剂系列，广泛应用于医药、食品、烟草、饲料、化妆品、清洁剂、纺织、造纸、涂料等工业领域。

在医药方面：尼泊金酯主要用于琼脂乳剂、生物溶液、油膏、浸膏、激素、乳油、注射乳液、鱼肝油乳剂、防腐漱口液、栓剂、酊剂、洗剂、软膏、口腔用剂、擦剂、糖浆等，用量为0.01%～0.50%。

在化妆品方面：尼泊金酯主要用于膏剂、霜剂、凝胶剂、脂剂、唇膏、漱口药、保健粉、消毒粉、牙膏、除臭剂及各种护肤护发用品，用量为0.01%～0.50%。

在食品方面：尼泊金酯主要用作食品添加剂、防腐剂，用于冰激凌、火腿肠、色拉、果酱、果汁、蜜饯、蔬菜汁、调味品、乳酪、啤酒、饮料等，还用于烟草防腐。

按我国食品添加剂卫生标准，最大允许用量为尼泊金乙酯0.1g/kg、尼泊金丙酯0.012g/kg。

（1）高效液相色谱是以液体为流动相的色谱。其分离原理是利用不同物质在由固定相和流动相构成的体系中具有不同的分配系数，当两相做相对运动时，这些物质随流动相一起运动，并在两相间进行反复多次的分配，从而使各物质达到分离。

高效液相色谱有正相和反相之分。正相高效液相色谱和反相高效液相色谱还有吸附色谱和极性化学键键合色谱之分。如果固定相的极性大于流动相的极性，就称为正相高效液相色谱；如果固定相的极性小于流动相的极性，则称为反相高效液相色谱。由于极性化合物更容易被极性固定相所保留，因此正相高效液相色谱系统一般适用于分离极性化合物，极性小的组分先流出。相反，反相高效液相色谱系统一般适用于分离非极性或弱极性化合物，极性大的组分先流出。

（2）色谱保留值法定性的依据：在一定色谱条件下，每一种物质都有一个确定的保留值与它相对应。

（3）色谱定量的依据；绝对校正因子不易测定，相对校正因子相对容易测定。

（4）对于试样中某一种或几种组分定量测定时可用内标定量法。

内标物要求：试样中不存在的纯物质，加入量、理化性质、峰位置等均与被测组分接近。

（5）六通阀原理图，如图 2-11 所示，手柄位于取样（load）位置时，样品经微量进样针从进样孔注射进定量环，定量环充满后，多余样品从放空孔排出；将手柄转动至进样（inject）位置时，阀与液相流路接通，由泵输送的流动相冲洗定量环，推动样品进入液相分析柱进行分析。

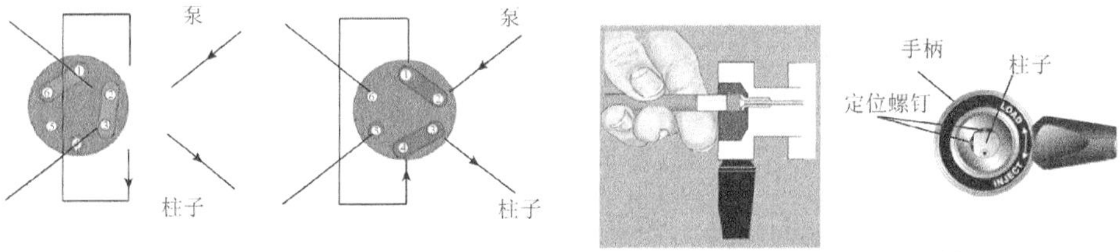

(a) 装填状态　　(b) 进样状态　　(c) 正确的进样方式

图 2-11　六通阀的原理图

手柄处于取样和进样之间时，由于暂时堵住了流路，流路中压力骤增，再转到进样位，过高的压力在柱头处引起损坏，所以应尽快转动阀，不能停留在中途。在高效液相色谱系统中使用的注射器针头有别于气相色谱，是平头注射器。一方面，针头外侧紧贴进样器密封管内侧，密封性能好，不漏液，不引入空气；另一方面，也防止了针头刺坏密封组件及定子。最后注意，取样时平头注射器不能直接插入取样，以免弄坏注射器。实验结束后，用 1mL 流动相冲洗针道。

三、仪器与试剂

仪器：1200 系列高效液相色谱仪、紫外检测器、高压六通进样阀（20μL）、色谱数据工作站、超声波发生器、砂芯过滤器、容量瓶进样器（10μL、50μL）、色谱柱为 250mm×4.6mm、固定相为 C_{18} 烷基键合相、流动相为 80%甲醇水溶液，流速为 0.8～1.0mL/min、紫外光度检测器（254nm）。

试剂：尼泊金乙酯（对羟基苯甲酸乙酯）、尼泊金丁酯、苯甲酸甲酯、甲醇（色谱纯）、备测试样等。

四、实验步骤

1. 标准溶液的制备

准确称取尼泊金乙酯、尼泊金丁酯、苯甲酸甲酯标准品，用色谱纯的甲醇溶解，配制成标准液。

（1）标准溶液：含 10μg/mL 尼泊金乙酯甲醇溶液，20μg/mL 尼泊金丁酯甲醇溶液，100μg/mL 苯甲酸甲酯甲醇溶液。

（2）混合标准溶液：含尼泊金乙酯（8μg/mL）、尼泊金丁酯（32μg/mL）、苯甲酸甲酯（40μg/mL）的甲醇溶液。

（3）未知浓度试样：含尼泊金乙酯、尼泊金丁酯、苯甲酸甲酯的甲醇溶液，其中内标物苯甲酸甲酯浓度为 40μg/mL。

2. 液相色谱开机运行

（1）将过滤配好的流动相装入试剂瓶中，开盖置于超声波发生器脱气 15min。

（2）按照仪器操作规程打开数据工作站，根据给定仪器条件启动高效液相色谱仪至基线平直。

（3）用甲醇清洗进样注射器、进样阀（取甲醇适量于 10mL 容量瓶，用干净的 1mL 注射器操作）。

3. 定性实验

用 50μL 进样器分别取标准样品注入进样阀，按仪器操作规程进样操作，分别进样分析三次，待试样出峰完毕，在离线工作站对结果进行处理，将被测组分保留时间 t_{Ri} 填入表 2-6。

表 2-6　标样保留值测定记录表

物质名称	t_{Ri}/min			
	1	2	3	平均
尼泊金乙酯				
尼泊金丁酯				
苯甲酸甲酯				

4. 校正因子测定

用 50μL 进样器取混合标准样品按上述方法注入高效液相色谱仪，待试样出峰完毕，在离线工作站对结果进行处理，积分后记录各相应组分的峰面积 A_i 和保留时间，重复进样三次以上便于分别取平均值，将结果记录在表 2-7。

表 2-7　校正因子测定记录表

进样次序	峰序号					
	1		2		3	
	t_{Ri}/min	A_i/(×10^n)	t_{Ri}/min	A_i/(×10^n)	t_{Ri}/min	A_i/(×10^n)
1						
2						
3						
平均						
物质名称						

5. 样品中尼泊金乙酯和尼泊金丁酯的定量测定

用 50μL 进样器取未知浓度样品按上述方法注入高效液相色谱仪，待试样出峰完毕，在离线工作站对结果进行处理，积分后记录各相应组分峰面积及保留时间，重复进样三次以上，取平均值，将结果记录在表 2-8。

表 2-8　定量测定记录表

进样次序	峰序号					
	尼泊金乙酯		尼泊金丁酯		苯甲酸甲酯	
	t_{Ri}/min	A_i/(×10^n)	t_{Ri}/min	A_i/(×10^n)	t_{Ri}/min	A_i/(×10^n)
1						
2						
3						
平均						

6. 实验完毕

实验完毕按仪器操作规程停机，做好后处理工作。

五、实验结果

（1）根据实验记录数据计算尼泊金乙酯、尼泊金丁酯、对苯甲酸甲酯的校正因子 f_i，即

绝对校正因子

$$f_i = \frac{m_i}{A_i}$$

相对校正因子

$$f_i' = \frac{f_i}{f_s} = \frac{m_i}{m_s} \cdot \frac{A_s}{A_i}$$

其中，f_s为标准物质的绝对校正因子；m_s为标准物质的质量；m_i为各组分的质量。

（2）根据实验记录数据计算试样中尼泊金乙酯、尼泊金丁酯的含量（mg/L），即

$$m_i = f_i' \cdot m_s \cdot \frac{A_i}{A_s}$$

（3）将所得色谱图附于“实验结果处理”后，并对色谱峰标出相应物质的名称。

六、注意事项

（1）流动相滤过后，注意观察有无肉眼能看到的微粒、纤维，若有，需要重新滤过。

（2）柱在线时，增加流速应以 0.1mL/min 的增量逐步进行，一般不超过 1mL/min，反之亦然，否则会使柱床下塌，出现叉峰。柱不在线时，要加快流速也需以每次 0.5mL/min 的速率递增上去（或下来），勿急升（降），以免泵损坏。

（3）安装柱时，请注意流向，接口处不要留有空隙。

（4）样品液需要滤过后进样，注意样品溶剂的挥发性。

（5）测定完毕需要用水冲柱 1h，用甲醇冲柱 30min。如果第二天仍使用，可用水以低流速（0.1～0.3mL/min）冲洗过夜（注意水要够量），不需要用甲醇冲洗。另外需要特别注意的是：对于含碳量高、封尾充分的柱，应先用含 5%～10%甲醇的水溶液冲洗，再用甲醇冲洗。

七、思考与讨论

（1）高效液相色谱仪的主要部件有哪些？试画出高效液相色谱仪的流程方框图。

（2）什么是反相高效液相色谱？按极性，化合物流出顺序是怎样的？

（3）高效液相色谱操作应注意哪些问题？

（4）什么是反相高效液相色谱？反相高效液相色谱的分离特点是什么？

八、参考文献

叶宪曾，张新祥，等. 2007. 仪器分析教程. 北京：北京大学出版社.

Gamiz-Gracia L，Gareia-Campana A M，Soto-Chinchilla J J，et al. 2005. Analysis of pestieides chemiluminescence detection in the liquid phase. TrAC Trends in Analytical Chemistry，24（11）：927-942.

Nalewajko E，Wiszowata A，Kojlo A. 2007. Determination of catecholamines by flow-injection analysis and high-performance liquid chromatography with chemiluminescence detection. Journal of Pharmaceutical and Biomedical Anaiysis，4（5）：1673-1681.

Wei Y，Zhang Z J，Zhang Y T，et al. 2007. Simple LC method with chemilurninescence detection for simultaneous determination of arbutin and L-ascothie acid in whitening cosmoties. Chromatographia，65（7）：443-446.

实验二十九 矿石中钴的分离及测定

一、实验目的

（1）掌握矿石的消解及矿石分析样品的制备。

（2）熟悉纸色谱分离法的操作。

（3）熟悉分光光度计的操作。

二、实验原理

4-（2-吡啶偶氮）-间苯二酚（PAR）作为测定钴的灵敏试剂被广泛报道。由于 PAR 与许多金属离子均能生成有色络合物，特别是铁、铜、镍对测定钴有严重干扰，一般都用萃取法。利用纸色谱分离法来分离干扰元素和 EDTA 掩蔽铜、镍的干扰，利用乳化剂（OP）的增敏、增效作用应用于矿石中微量钴的测定，结果良好。

利用铁、钛、铜、锰、锌、镍、钴等元素在丙酮-盐酸展开剂中的比移值（R_f值）不同，借以分离大量杂质元素。将钴带剪下后，用乙酸浸取、过滤，滤液以 PAR 分光光度法测定钴含量。

三、仪器与试剂

仪器：红外灯、分光光度计、标本瓶（100mL）等。

试剂：①PAR 溶液（0.2%）。称取 0.2g PAR 试剂，用少许氨水溶解（pH＝8～9），加水稀释并过滤于 100mL 容量瓶中以水稀释至刻度。②氨水-氯化铵缓冲溶液（pH＝9.3～10）。称取 67.5g 氯化铵溶液于适量去离子水中，加 570mL 氨水，用去离子水稀释至 1000mL 摇匀。③钴标准溶液。称取钴（99.9%）0.2500g，加入去离子水 10mL，在低温下加热溶解，待金属溶解完毕后将溶液蒸干，加 1～2mL 2mol/L 盐酸溶解残渣（必要时加热），以去离子水稀释并转移到 250mL 容量瓶中，以去离子水稀释至刻度。④王水的配制。硝酸∶盐酸＝1∶3（体积比）。⑤展开剂。丙酮∶水∶盐酸＝170∶20∶10（体积比）。⑥乳化剂 OP 溶液（0.01g/mL）。称取 1.0g 乳化剂 OP 试剂，加水稀释，定容在 100mL 容量瓶中。

四、实验步骤

1. 标准曲线绘制

分别取 0、1.0mL、2.0mL、3.0mL、4.0mL、5.0mL 钴标准溶液（5μg/mL）于 25mL 容量瓶中，用水稀释 10mL 左右，加 1mL 0.05mol/L EDTA 溶液，加 10mL

氨水-氯化铵缓冲溶液，加 1mL 0.2% PAR 溶液，加 1mL 0.01g/mL 乳化剂 OP 溶液，以水稀释至刻度摇匀，再在 30～40℃下放置 1h 后，在波长 530nm 处以空白为参比测量吸光度。

2. 矿样制备

称取 0.05g 矿样，置于 10mL 烧杯中，加少许水润湿，加 3～4mL 王水，在电炉上加热溶解，溶解后蒸干再加 4 滴 1∶5 的盐酸，温热，再加水 7～8 滴，使试样溶解，蒸至体积为 1～2mL。此后用点样管将试液分多次点在层析纸上，注意点样位置离纸的顶端 6～8cm，在红外灯下边烤边点（灯不要离纸太近，以免烤焦），试样在纸上的斑点直径控制为 1.5～2.0mm，试样点完后，用 1～2 滴水洗涤烧杯，并且点在纸上，再在灯下烘烤近干，将纸卷成筒形，用订书机订好。将纸筒放入装有展开剂的标本瓶中展开，当黄色带向上移动并与蓝色带明显分离时，取出烤干。将蓝色带剪下，放入 150mL 烧杯中加水 20mL、乙酸 5mL，在电炉上煮沸片刻。过滤于 100mL 容量瓶中，用热水洗涤烧杯 2～3 次移入容量瓶中，冷却后稀释至刻度。取 5mL 试样以空白为参比按照标准曲线，测吸光度。

五、实验结果

根据标准曲线计算出钴的含量，填入表 2-9。

表 2-9　吸光度与钴的含量关系

吸光度 A						
钴的含量/(μg/mL)	5	10	15	20	25	X

根据表中数据得回归曲线 $A = aX + b$，再计算钴的含量 X，即

$$W_{\mathrm{Co}} = (X \times 20/1000)/0.05 \times 100\%$$

六、注意事项

（1）溶解必须在通风橱里进行。

（2）使用红外灯时，防止水溅在红外灯上，以免红外灯爆炸。

（3）点样时，眼睛不能直视红外灯及层析纸，以免损伤眼睛。

七、思考与讨论

（1）样品展开时，黄色带向上移动并与蓝色带产生分离，黄色带是什么？蓝色带是什么？为什么需要剪下蓝色带？

（2）查资料写出 PAR 与钴的反应式及反应条件。

八、参考文献

北京矿冶研究总院分析室. 1990. 矿石及有色金属分析手册. 北京：冶金工业出版社.

方皓文，开小明. 2012. PAR 分光光度法测定钴和镍. 光谱实验室，29（3）：1915-1917.

李天增，杨铭枢. 2004. 两次双波长分光光度法同时测定痕量钴和镍. 化学分析计量，13（3）：12-14.

实验三十　比色法测定果蔬中镉的含量

一、实验目的

（1）掌握比色法测试物质中镉含量的基本方法和步骤。

（2）掌握分光光度计的测试原理和操作方法。

二、实验原理

随着现代工业的发展，环境污染加剧，工业“三废”和城市生活垃圾、污泥的排放，以及重金属的农药、化肥的不合理使用，导致蔬菜中重金属污染加剧。蔬菜是人们生活中必不可少的农产品，蔬菜中具有积累性和持续性危害的重金属含量的多少，将直接影响人们的健康。食用重金属含量超标的食品，能产生急性或慢性毒性反应，还有致畸、致癌和致突变的潜在危害。因此，对蔬菜中的重金属镉的研究具有极大的现实意义。

由于分子中的某些基团吸收了紫外-可见辐射光后，发生了电子能级跃迁从而形成吸收光谱。它是带状光谱，反映了分子中某些基团的信息，可以用标准光图谱再结合其他手段进行定性分析。根据朗伯-比尔定律：$A = \varepsilon bc$（其中，A 为吸光度；ε 为摩尔吸光系数；b 为液池厚度；c 为溶液浓度）可以对溶液进行定量分析。将含镉样品处理后，在碱性溶液中镉离子与 6-溴苯并噻唑偶氮萘酚形成红色络合物，溶于三氯甲烷，与标准系列对比，获得相应的含量。

三、仪器与试剂

仪器：分光光度计、电子天平、分液漏斗、锥形瓶、容量瓶、烧杯、量筒等。

试剂：三氯甲烷、*N*, *N*-二甲基甲酰胺、混合酸［硝酸-高氯酸（3 + 1）］、硝酸、盐酸、酒石酸钾溶液、氢氧化钠溶液、柠檬酸钠溶液、镉试剂、金属镉、去离子水等。

四、实验步骤

1. 样品处理

称取 5.00～10.00g 样品，置于 150mL 锥形瓶中，加入 15～20mL 混合酸（如在室温放置过夜，则次日易于处理），小火加热，待泡沫消失后，可慢慢加大火力，必要时再加少量硝酸，直至溶液澄清无色或微带黄色，冷却至室温。取与处理样品相同量的混合酸、硝酸按同一操作方法做试剂空白实验。为方便实验操作，可以用硝酸镉水溶液作为被测样品。

2. 溶液配制

（1）空白溶液：称取 38.4mg 镉试剂，溶于 50mL *N*, *N*-二甲基甲酰胺，储存于棕色瓶中。

（2）镉标准溶液：准确称取 1.000g 金属镉（99.99%），溶于 20mL 盐酸（5 + 7）中，加入 2 滴硝酸后，移入 1000mL 容量瓶中，用水稀释至刻度，混匀，储存于聚乙烯瓶中。此溶液每毫升相当于 1.0mg 镉。

（3）镉标准使用液：吸取 10mL 镉标准溶液，置于 100mL 容量瓶中，用盐酸（1 + 11）稀释至刻度，混匀。如此多次稀释至每毫升相当于 1.0μg 镉。

3. 测定

将处理好的样品溶液及试剂空白溶液取 20mL 分数次倒入 125mL 分液漏斗中，用氢氧化钠溶液（200g/L）调节至 pH = 7 左右。吸取 0、0.5mL、1.0mL、3.0mL、5.0mL、7.0mL、10mL 镉标准使用液（相当于 0、0.5μg、1.0μg、3.0μg、5.0μg、7.0μg、10.0μg 镉）分别于 125mL 分液漏斗中，再各加水至 20mL，用氢氧化钠溶液（200g/L）调节至 pH = 7 左右。

分别在样品溶液、试剂空白溶液及镉标准溶液中依次加入 3mL 柠檬酸钠溶液（250g/L）、4mL 酒石酸钾溶液（400g/L）及 1mL 氢氧化钠溶液（200g/L），混匀，再各加 5.0mL 三氯甲烷及 0.2mL 镉试剂，立即振摇 2min，静置分层后，将三氯甲烷层用脱脂棉滤于试管中，以三氯甲烷调节零点，于 lcm 比色杯在波长 585nm 处测吸光度。各标准点减去空白管吸收值后绘制标准曲线；或计算直线回归方程，样品溶液中镉的含量与曲线比较或代入方程式求出。

五、实验结果

试样中镉的含量 X 按下式计算：

$$X = \frac{(A_1 - A_2) \times 1000}{m \times 1000}$$

其中，X 为样品中镉的含量，mg/kg；A_1 为测定用样品溶液中镉的质量，μg；A_2 为试剂空白溶液中镉的质量，μg；m 为样品的质量，g。结果的表述：报告平行测定的算术平均值，保留两位有效数字，允许相对误差≤5%。

六、注意事项

（1）不要用手或皮肤直接接触溶液或试剂。

（2）在分光光度计使用过程中，严禁将溶液或粉体散落在光谱仪中。

七、思考与讨论

（1）在样品处理过程中，如果样品不溶解，应如何处理？

（2）镉试剂的作用是什么？加入量与什么有关？

（3）什么样的蔬菜中镉含量会比较高？应如何预防？

（4）是否可以用比色法测试其他材料中的金属离子？如果可以，该实验方法应该做怎样的调整？

八、参考文献

孙黎颖. 2013. “比色法测定铜矿石中铜的含量”的案例分析. 化学教学，（12）：53-55.

张绍文. 1980. 钨镍铁基合金中钨的差示比色法测定. 兵器材料科学与工程，（3）：30.

实验三十一　双酚 A 环氧树脂胶黏剂的合成及性能测定

一、实验目的

（1）通过双酚 A 环氧树脂制备实验，掌握一般缩聚反应的原理及实验方法。

（2）掌握环氧树脂环氧值测定的方法，并由环氧值计算制备树脂的分子量。

（3）了解环氧树脂固化的基本原理。

二、实验原理

环氧树脂是指含有环氧基$-\overset{\overset{\large O}{\diagup\ \diagdown}}{C-C}-$的一大类高分子聚合物，其分子结构是以分子链中含有活泼的环氧基为其特征，环氧基可以位于分子链的末端、中间或成环状结构。环氧树脂的分子结构中含有活泼的环氧基，使它们可与多种类型的硬化剂发生交联反应而形成不溶的具有三维网状结构的高聚物。环氧树脂具有形式多样、固化方便、黏附力强、收缩性低、力学和电性能优良、化学性质和尺寸稳定、耐霉菌等特性。

根据分子结构，环氧树脂大体上可分为缩水甘油醚类、缩水甘油酯类、缩水甘油胺类、线型脂肪族类、脂环族类。复合材料工业上使用量最大的环氧树脂品种是缩水甘油醚类环氧树脂，而其中又以二酚基型环氧树脂（简称双酚 A 环氧树脂）用途最广泛，其次是缩水甘油胺类环氧树脂。

双酚 A 环氧树脂的分子结构中含有羟基、醚键及活泼的环氧基。羟基和醚键的极化，使它与相邻表面之间产生电磁吸力，且环氧基能与含有活泼氢的金属表面发生反应形成化学键，使它具有独特的黏合能力，能与大部分材料（如金属、木材、陶瓷、玻璃、塑料等）黏合，故人们称它为“万能胶”，是目前最优良的黏合剂之一。

二酚基丙烷环氧树脂是以二酚基内烷（双酚 A）与环氧氯丙烷在碱的存在下经逐步加聚而成，化学反应式为

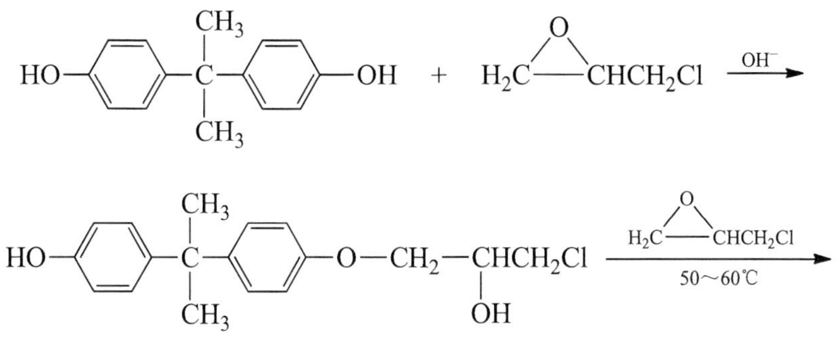

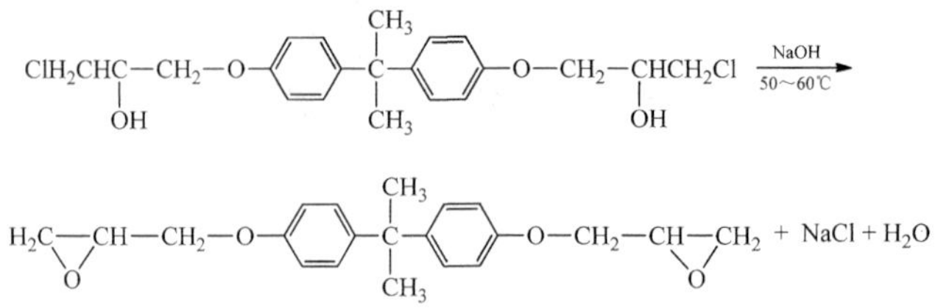

二酚基丙烷环氧树脂的分子式为

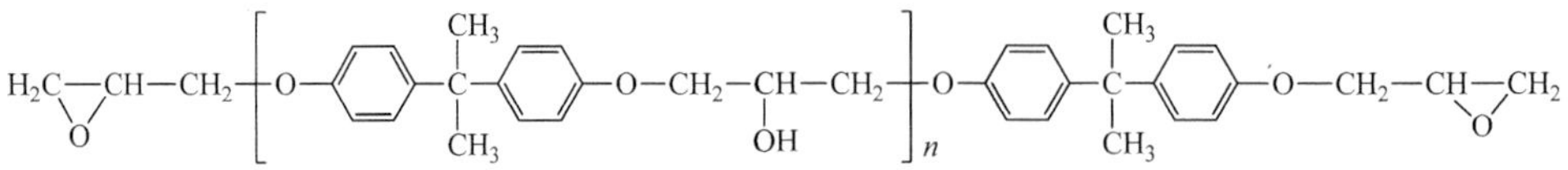

大多数环氧树脂的分子量都不高。在工业上常用测定环氧值的方法来了解该环氧树脂的分子量大小及其化学性能。工业环氧树脂型号就是按环氧值不同来区分的。环氧值是指每 100g 环氧树脂中含有环氧基的当量数，如环氧值为 $2/340 \times 100 = 0.59$。测定环氧值的常用方法有盐酸-丙酮溶液法、盐酸-吡啶溶液法，其原理是根据环氧基在过量盐酸-丙酮（或盐酸-吡啶）溶液中，被氯化氢开环而消耗部分盐酸，然后再用碱滴定过量的盐酸而求得，反应式可表示为

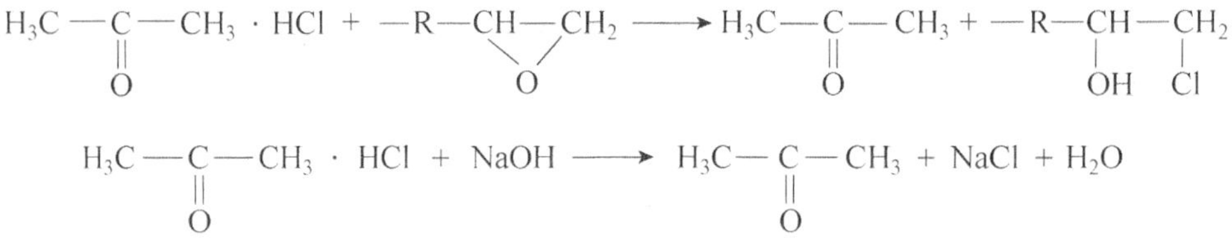

环氧树脂未经硬化前是热塑性树脂，不耐热和溶剂，故无实用价值，在使用时则要加入硬化剂，硬化剂与环氧基或羟基作用，生成网状体型结构的热固性树脂，就具有良好的耐腐蚀性和稳定性，良好的电性能和机械强度。二胺类为常用硬化剂，其反应式可表示为

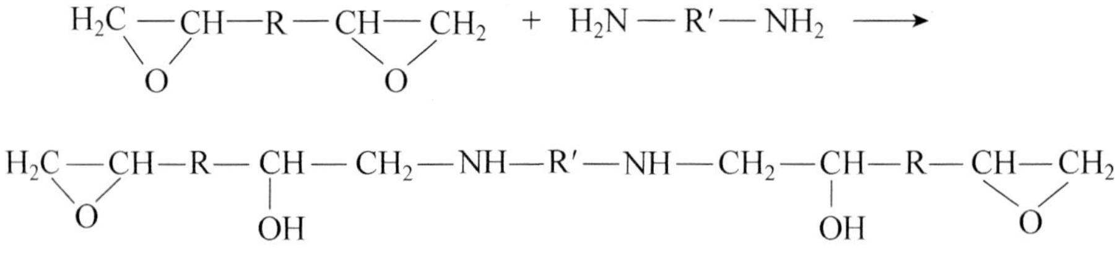

三、仪器与试剂

仪器：三口烧瓶（250mL）、磨口锥形瓶、球形冷凝管、温度计（100℃）、分液漏斗（100mL）、滴液漏斗（50mL）、B 形搅拌棒、移液管、表面皿、玻璃片、蒸馏瓶（100mL、50mL）、烧杯（400mL）等。

试剂：双酚 A、环氧氯丙烷、10%氢氧化钠溶液、甲苯、铬酸盐处理液、乙二胺、去离子水等。

四、实验步骤

1. 合成环氧树脂

按图 2-12 安装好装置。将双酚 A 和环氧氯丙烷按量放入三口烧瓶中，在室温下搅拌 20min 使双酚 A 溶解，然后加热，缓慢升温至 50℃，开始滴加 10%氢氧化钠溶液，45min 内滴加完（滴加碱时温度要维持在 50～60℃），加完后在该温度下继续反应 2h，然后边搅拌边加入 50mL 甲苯，在 70℃下溶解树脂 30min。然后降温至 50℃以下时将树脂溶液移入分液漏斗，再用冷水洗两次，分出水层，减压蒸馏除去甲苯及剩余的水，瓶底留下的黄色透明黏液即为环氧树脂。

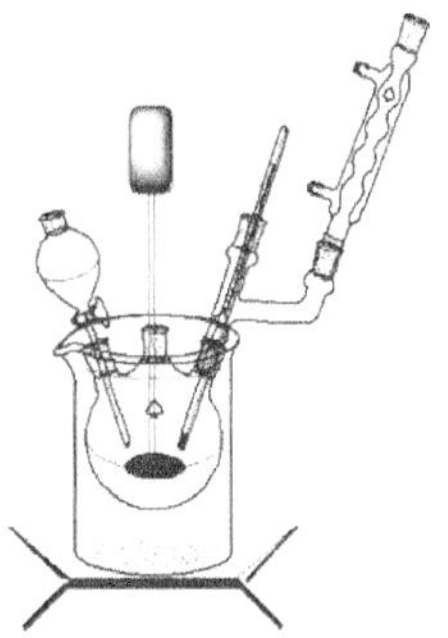

图 2-12　环氧树脂的合成装置图

2. 测定环氧值

环氧值是环氧树脂质量的重要指标之一，也是计算硬化剂用量的依据。分子量越高，环氧值就相应越低，一般低分子量环氧树脂的环氧值为 0.44～0.57。

分子量小于 1500 的环氧树脂，其环氧值测定用盐酸-丙酮溶液①法（分子量高的用盐酸-吡啶溶液法），反应式为

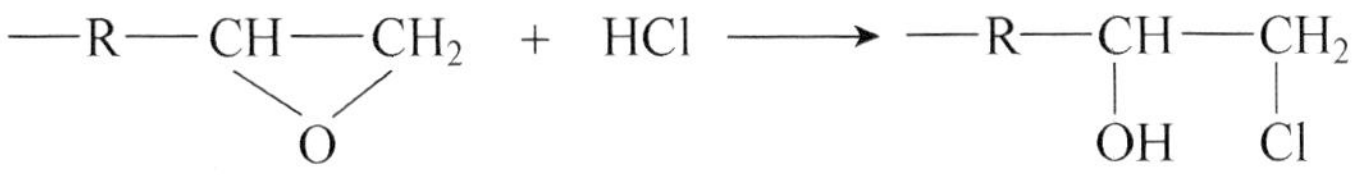

过量的盐酸用标准氢氧化钠-乙醇溶液②回滴。

取 1g 左右（精确到 1mg）环氧树脂于磨口锥形瓶中，用移液管加入 25mL 盐酸-丙酮溶液，加盖摇动使树脂完全溶解。放置阴凉处 1h，加酚酞指示剂 3 滴，用氢氧化钠-乙醇溶液滴定，同样用上述条件做空白滴定。

3. 黏结实物

乙二胺：用 6%～8%铬酸盐处理液；玻璃片 2 块、表面皿 1 个、玻璃棒 1 个。

操作：洗净 2 块玻璃片并于 70℃铬酸盐处理液中浸泡 10min，再用水冲至中性烘干。称取部分环氧树脂与表面皿中，加入定量的乙二胺（需在通风橱中操作）。

---

① 盐酸-丙酮溶液：将 2mL 浓盐酸溶于 80mL 丙酮中，均匀混合即可（现配现用）。

② 氢氧化钠-乙醇溶液：将 4g 氢氧化钠溶于 100mL 乙醇中，用标准邻苯二甲酸氢钾溶液滴定，酚酞作指示剂。

在水浴中冷却混合均匀，然后在 2 块玻璃片的交接处涂一薄层，立即将玻璃片黏紧放入 60～80℃烘箱中烘烤 3h，取出试样检查黏结效果。

五、实验结果

环氧值（当量 100g 树脂）E 按下式计算：

$$E = \frac{(V_0 - V_2)N}{1000W} \times 100 = \frac{(V_0 - V_2)N}{10W}$$

其中，V_0 为空白滴定所消耗的氢氧化钠溶液量，mL；V_2 为样品测试所消耗的氢氧化钠溶液量，mL；N 为氢氧化钠溶液的当量浓度；W 为树脂质量，g。

六、注意事项

（1）氯离子需要除干净，用去离子水反复洗涤，直到用硝酸银检验没有白色沉淀为止。

（2）减压蒸馏时要注意防止倒吸。

（3）严格按照实验步骤操作，注意观察实验现象，记录实验数据并分析实验结果。

（4）环氧树脂黏结性强，务必将仪器清洗干净。

七、思考与讨论

（1）简述逐步聚合机理、酸碱的作用。

（2）简述环氧树脂的固化机理。

（3）影响产品质量的因素有哪些？

（4）指出实验过程中存在的问题，并提出相应的改进方法。

（5）在合成环氧树脂的反应中，若氢氧化钠的用量不足，将对产物有什么影响？

（6）环氧树脂的分子结构有哪些特点？为什么环氧树脂具有良好的黏结性能？

（7）为什么环氧树脂使用时必须加入硬化剂？硬化剂的种类有哪些？

（8）根据所测环氧值计算所得聚合产物的分子量。

八、参考资料

上海树脂厂. 1974. 环氧树脂生产与应用. 北京：石油化学工业出版社.

May C A，Tanaka Y. 1973. Epoxy Resins：Chemistry and Technology. New York：Marcel Dekker.

实验三十二 苯乙烯的珠状聚合

一、实验目的

（1）了解悬浮聚合的反应原理及配方中各组分的作用。

（2）了解珠状聚合实验操作及聚合工艺的特点。

（3）通过实验了解苯乙烯单体在聚合反应中的特性。

二、实验原理

悬浮聚合是指在较强的机械搅拌下，借悬浮剂的作用，将溶有引发剂的单体分散在另一与单体不溶的介质中（一般为水）所进行的聚合。根据聚合物在单体中溶解与否，可得透明状聚合物或不透明、不规整的颗粒状聚合物。例如，苯乙烯、甲基丙烯酸酯，其悬浮聚合物多是透明珠状物，故又称珠状聚合；而聚氯乙烯因不溶于其单体中，故为不透明、不规整的乳白色小颗粒，称为颗粒状聚合。

悬浮聚合实质上是单体小液滴内的本体聚合，在每一个单体小液滴内单体的聚合过程与本体聚合是相类似的，但单体在体系中被分散成细小的液滴，因此，悬浮聚合又具有它自己的特点。由于单体以小液滴形式分散在水中，散热表面积大，水的比热大，因而解决了散热问题，保证了反应温度的均一性，有利于反应的控制。悬浮聚合的另一优点是因采用悬浮剂，所以最后得到易分离、易清洗、纯度高的颗粒状聚合产物，便于直接成型加工。

可作为悬浮剂的有两类物质：一类是可以溶于水的高分子化合物，如聚乙烯醇、明胶、聚甲基丙烯酸钠等；另一类是不溶于水的无机盐粉末，如硅藻土，钙镁的碳酸盐、硫酸盐和磷酸盐等。悬浮剂的性能和用量对聚合物的颗粒大小和分布有很大影响。一般来讲，悬浮剂用量越大，所得聚合物颗粒越细，如果悬浮剂为水溶性高分子化合物，悬浮剂分子量越小，所得的聚合物颗粒就越大，因此悬浮剂分子量的不均会造成聚合物颗粒分布变宽。如果是固体悬浮剂，用量一定时，悬浮剂颗粒越细，所得聚合物的颗粒也越细，因此，悬浮剂粒度的不均匀也会导致聚合物颗粒大小的不均匀。

为了得到粒度合格的珠状聚合物，除加入悬浮剂外，严格控制搅拌速度是一个相当关键的问题。随着聚合转化率的增加，小液滴变得很黏，如果搅拌速度太慢，则珠状不规则，且颗粒易发生黏结现象；但如果搅拌速度太快，又易使颗粒太细。因此，悬浮聚合产品的粒度分布的控制是悬浮聚合中一个很重要的问题。掌握悬浮聚合的一般原理后，本实验仅对苯乙烯单体及其在珠状聚合中的一些特点做简单介绍。

苯乙烯是一种比较活泼的单体，易发生氧化和聚合反应，在储存过程中，如不添加阻聚剂即会引起自聚。但是，苯乙烯的游离基并不活泼，因此，在苯乙烯聚合过程中副反应较少，不容易有链支化及其他歧化反应发生。链终止方式根据实验证明是双基结合。另外，苯乙烯在聚合过程中凝胶效应并不特别显著，在本体及悬浮聚合中，仅在转化率为 50%～70%时有一些自动加速现象。因此，苯乙烯的聚合速度比较缓慢，与甲基丙烯酸甲酯相比，在相同用量的引发剂下，其所需的聚合时间比甲基丙烯酸甲酯长好几倍。

三、仪器与试剂

仪器：三口烧瓶、烧杯、电动搅拌器、恒温水浴、冷凝管、温度计、吸管、抽滤装置、烘箱等。

试剂：苯乙烯、聚乙烯醇、过氧化苯甲酰、甲醇、去离子水等。

四、实验步骤

（1）在 250mL 三口烧瓶上安装电动搅拌器和冷凝管。量取 45mL 去离子水、称取 0.2g 聚乙烯醇加入三口烧瓶中，开启电动搅拌器并加热水浴至 90℃左右，待聚乙烯醇完全溶解后（20min 左右），将水温降至 80℃左右。

（2）称取 0.15g 过氧化苯甲酰于一干燥洁净的 50mL 烧杯中，并加入 9mL 单体苯乙烯（已精制）使其完全溶解。

（3）将溶有引发剂的单体倒入三口烧瓶中，此时需小心调节搅拌速度，使液滴分散成合适的粒度（注意开始时搅拌速度不要太快，否则颗粒分散得太细），继续升高温度，控制水浴温度为 86～89℃，使其聚合。一般在达到反应温度后 2～3h 为反应危险期，此时搅拌速度控制不好（速度太快、太慢或中途停止等），就容易使珠子黏结变形。

（4）在反应 3h 后，可以用大吸管吸出一些反应物，检查珠子是否变硬，如果已经变硬，将水浴温度升高至 90～95℃，反应 1h 后即可停止反应。

（5）将反应物进行过滤，并把所得到的透明小珠子放在 25mL 甲醇中浸泡 20min（为什么？），然后再过滤（甲醇回收），将得到的产物用约 50℃的热水洗涤几次（为什么？），用滤纸吸干后，置产物于 50～60℃烘箱内干燥。

五、实验结果

计算产率，观察粒度的分布情况。

六、注意事项

（1）搅拌速度的控制。搅拌速度不能过快也不能过慢或中途停止，否则都有可能造成黏结。

（2）温度的控制。因为温度过低会导致反应速率过慢，温度过高，反应速率过快，易产生黏结现象，且分子量也会越小。

七、思考与讨论

（1）试考虑苯乙烯珠状聚合过程中，随转化率的增大，其反应速率和分子量的变化规律。

（2）为什么聚乙烯醇能够起稳定剂的作用？聚乙烯醇的分子量和用量在悬浮聚合中对粒度有什么影响？

（3）根据实验的实践，你认为在珠状聚合的操作中，应该需要特别注意的是什么？为什么？

八、参考文献

韩华云. 2007. 化学实验员简明手册：仪器分析篇. 北京：中国纺织出版社.

谢尔斯，普里迪. 2004. 现代苯乙烯系聚合物. 高明智，李昌秀，王军，等译. 北京：化学工业出版社.

实验三十三　甲基丙烯酸甲酯和苯乙烯的悬浮共聚合

一、实验目的

（1）通过 372 有机玻璃模塑粉的制备，了解悬浮共聚合的反应机理及配方中各组分的作用。

（2）了解无机悬浮剂的制备及其作用。

（3）了解悬浮共聚合实验操作及聚合工艺的特点。

二、实验原理

甲基丙烯酸甲酯和苯乙烯通过悬浮共聚得到聚甲基丙烯酸甲酯苯乙烯无规共聚物，该共聚物俗称 372 有机玻璃模塑粉。甲基丙烯酸甲酯和苯乙烯均不溶于水，单体靠机械搅拌形成的分散体系是不稳定的分散体系，为了使单体液滴在水中保持稳定，避免黏结，需在反应体系中加入悬浮剂。通过实验证明，采用磷酸钙乳浊液作悬浮剂效果较好。磷酸三钠与过量的氯化钙在碱性条件下发生化学反应生成磷酸钙，磷酸钙难溶于水，聚集成极微小的颗粒，可在水中悬浮相当长的时间而不沉降。这种悬浮液呈牛奶状，在搅拌情况下能使某些体系的单体小液滴分散在体系中而不聚集，这是由于单体（油相）和介质（水相）对磷酸钙的润湿程度的不同，所以磷酸钙起到悬浮剂的作用。悬浮剂的浓度增加可提高稳定性，实践证明磷酸钙加入量为单体总质量的 0.7%左右为宜。

有机玻璃模塑粉的分子量要达到 13 万～15 万才能加工成具有一定物理机械性能的产品。在以甲基丙烯酸甲酯结构单元为主链的分子链中掺杂一个或少数几个苯乙烯结构单元，在共聚反应中，因参加反应的单体是两种（或两种以上），且各单体的相对活性不同，它们参与反应的机会也就不同，共聚物组成 $d[M_1]/d[M_2]$ 与原料组成 $[M_1]/[M_2]$ 之间的关系为

$$\frac{d[M_1]}{d[M_2]}=\frac{[M_1]}{[M_2]}\cdot\frac{r_1[M_1]+[M_2]}{[M_1]+r_2[M_2]}$$

其中，$d[M_1]/d[M_2]$ 为共聚物组成中两种结构单元的摩尔比；$[M_1]/[M_2]$ 为原料组成中两种单体的摩尔比；r_1 和 r_2 分别为均聚和共聚链增长速率常数，表征两单体的相对活性，称为竞聚率。

三、仪器与试剂

仪器：三口烧瓶、四口烧瓶、烧杯、电动搅拌器、恒温水浴、冷凝管、温度计、吸管、滴管、抽滤装置、烘箱等。

试剂：苯乙烯、甲基丙烯酸甲酯、过氧化苯甲酰、硬脂酸、氯化钙、磷酸三钠、氢氧化钠、盐酸、去离子水等。

四、实验步骤

1. 悬浮剂的制备

（1）氯化钙溶液的配制。

按配方称取 6g 氯化钙，放入 500mL 三口烧瓶中，加入 165mL 去离子水，搅拌，使其溶解，呈无色透明水溶液，备用。

（2）磷酸三钠和氢氧化钠溶液的配制。

按配方称取 6g 磷酸三钠，0.8g 氢氧化钠放入 400mL 烧杯中，加入 165mL 去离子水，搅拌，使其溶解，得无色透明溶液，备用。

（3）将三口烧瓶中氯化钙溶液在水浴上加热溶解至水浴沸腾，另将盛有磷酸三钠、氢氧化钠水溶液的烧杯放于热水浴中，在搅拌下用滴管将此溶液连续滴加至三口烧瓶中，在 20～30min 内加完，然后在沸腾的水浴中保温 0.5h，停止反应。反应后的悬浮剂为乳白色混浊液，用滴管取 20 滴（或 1mL）悬浮剂放入干净的试管中，加入 10mL 去离子水，摇匀，放置 0.5h，如无沉淀，即为合格，备用。制得的悬浮剂要在 8h 内使用，如果有沉淀，则不能再用，需另行制备。

2. 甲基丙烯酸甲酯与苯乙烯的共聚合反应

（1）在 250mL 的四口烧瓶上安装电动搅拌器、真空系统，加入 50mL 去离子水、22mL 悬浮剂后抽真空至 86659.3Pa（650mmHg）。

（2）分别称取 4g 甲基丙烯酸甲酯和 6g 苯乙烯，混合均匀，加入 0.7g 硬脂酸和 0.35g 引发剂过氧化苯甲酰使其溶解，然后加入四口烧瓶中（加料时尽量避免空气进入）。

（3）升温，控制加热速度，使体系的温度快速升至 75℃，然后以 1℃/min 的升温速率升至 80℃，并保温 1h，再以 5℃/min 的升温速率升至 90℃，待真空度升至最高点而下降时，表示反应即将结束。为了使单体完全转化为聚合物，应继续升温至 110～115℃，并在 110～115℃下保温 1h，聚合反应完毕。

3. 聚合物后处理

反应后所得物料为有机玻璃模塑粉悬浮液，其须经酸洗、水洗、过滤、干燥等处理过程。

（1）酸洗。

反应所得物料为碱性，且含有悬浮剂磷酸钙须除去，方法是加入 2mL 化学纯盐酸。

（2）水洗、过滤。

水洗的目的是除去产物中的氯离子，方法是先用自来水洗 4～5 次，再用去离子水洗 2 次（每次用量 50mL 左右），用硝酸银溶液检验有无氯离子存在（无白色沉淀即可），采用抽滤过滤使粉料与水分开。

（3）干燥。

将白色粉状聚合物放入搪瓷盘中，置于 100℃的烘箱中烘干。

五、实验结果

计算产率，观察产物形貌。

六、注意事项

搅拌不要太剧烈，太剧烈易造成沙粒聚合体，而太慢易出现结块。

七、思考与讨论

（1）以有机玻璃模塑粉为例，讨论自由基共聚合的反应机理。

（2）以聚乙烯醇和磷酸钙为例，讨论高分子悬浮剂与无机悬浮剂的悬浮作用机理。

（3）聚合反应过程中，为什么要严格控制反应温度？否则会产生什么后果？

八、参考文献

谢尔斯，普里迪. 2004. 现代苯乙烯系聚合物. 高明智，李昌秀，王军，等译. 北京：化学工业出版社.

实验三十四 强酸型阳离子交换树脂的制备及其交换量的测定

一、实验目的

（1）学习如何通过悬浮聚合制得颗粒均匀的悬浮共聚物。

（2）通过苯乙烯和二乙烯苯共聚物的磺化反应，了解制备功能高分子的一种方法。

（3）掌握离子交换树脂体积交换量的测定方法。

二、实验原理

离子交换树脂是球形小颗粒，这样的形状使其应用十分方便。用悬浮聚合方法制备球状聚合物是制取离子交换树脂的重要方法。在悬浮聚合中，影响颗粒大小的因素主要有三个：分散介质（一般为水）、分散剂和搅拌速度。水量不够，不足以把单体分散开，水量太多，反应容器要增大，给生产和实验带来困难，一般水与单体的比例为2～5。分散剂的最小用量虽然可以小到单体的0.005%左右，但一般常用量为单体的0.2%～1.0%，太多容易产生乳化现象。当水和分散剂的用量选好后，只有通过搅拌才能把单体分开，所以调整好搅拌速度是制备粒度均匀的球状聚合物的极为重要的因素。离子交换树脂对粒度要求比较高，所以严格控制搅拌速度，制得粒度合格率比较高的树脂是实验中需要特别注意的问题。

在聚合时，如果单体内加有致孔剂，得到的是乳白色不透明状大孔树脂，带有功能基后仍为带有一定颜色的不透明状。如果聚合过程中没有加入致孔剂，得到的是透明状树脂，带有功能基后仍为透明状，这种树脂又称为凝胶树脂。凝胶树脂只有在水中溶胀后才有交换能力。凝胶树脂内部渠道直径只有2～4μm，树脂干燥后渠道就会消失，所以这种渠道又称隐渠道。大孔树脂的内部渠道直径可小至数微米，大至数百微米，树脂干燥后这种渠道仍然存在，所以又称为真渠道。大孔树脂内部由于具有较大的渠道，溶剂分子及离子在其内部迁移扩散容易，所以交换速度快、工作效率高。目前，大孔树脂发展很快。

按功能基分类，离子交换树脂又分为阳离子交换树脂和阴离子交换树脂。当把阳离子基团固定在树脂骨架上，可进行交换的部分为阳离子时，称为阳离子交换树脂，反之为阴离子交换树脂。所以树脂的定义是根据可交换部分确定的。不带功能基的大孔树脂称为吸附树脂。

阳离子交换树脂用酸处理后，得到的都是酸型，根据酸的强弱，又可分为强酸型及弱酸型树脂。一般把磺酸型树脂称为强酸型，羧酸型树脂称为弱酸型，磷酸型树脂介于这两种树脂之间。

离子交换树脂应用极为广泛，它可用于水处理、原子能工业、海洋资源、化学工业、食品加工、分析检测、环境保护等领域。在这个实验中，制备的是凝胶型磺酸树脂。

聚合反应：

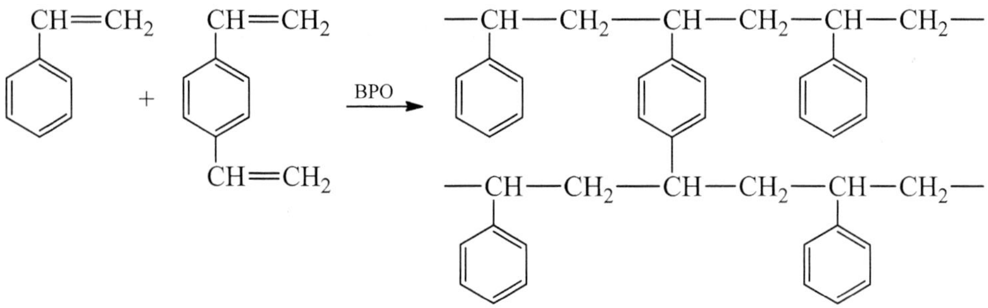

磺化反应：

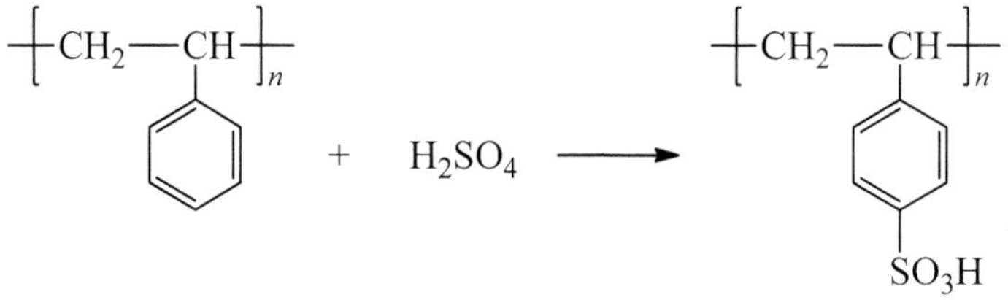

三、仪器与试剂

仪器：三口烧瓶、冷凝管、直形冷凝管、交换柱、量筒、锥形瓶、烧杯、表面皿、玻璃砂芯漏斗、容量瓶、搅拌器、水银导电表、继电器、电炉、恒温水浴锅、标准筛（30～70 目）、烘箱等。

试剂：苯乙烯（St）、二乙烯苯（DVB）、过氧化苯甲酰、5%聚乙烯醇水溶液、0.1%甲基酚蓝溶液、二氯乙烷、硫酸（92%～93%）、盐酸（5%）、氢氧化钠（5%）、饱和食盐水、氯化钠溶液（1mol/L）、去离子水等。

四、实验步骤

1.苯乙烯-二乙烯苯的悬浮共聚

在 250mL 三口烧瓶中加入 100mL 去离子水、5mL 5%聚乙烯醇水溶液、数滴甲基酚蓝溶液，调整搅拌片的位置，使搅拌片的上沿与液面相平。开动搅拌器并缓慢加热，升温至 40℃后停止搅拌。将事先在小烧杯中混合并溶有 0.4g 过氧化苯甲酰、40g 苯乙烯和 10g 二乙烯苯的混合物倒入三口烧瓶中。开动搅拌器，开始转速要慢，待单体全部分散后，用细玻璃管（不要用尖嘴玻璃管）吸出部分油珠放到表面皿上，观察油珠大小。如果油珠偏大，可缓慢加速。过一段时间后继续检查油珠大小，如果仍不合格，继续加速，如此调整油珠大小，一直到合格为止。待油珠合格后，以 1～2℃/min 的速度升温至 70℃，并保温 1h，再升温到 85～87℃反应 1h。在此阶段，避免调整搅拌速度和停止搅拌，以防止小球不均匀和发生黏结。当小球定形后升温到 95℃，继续反应 2h。停止搅拌，在水浴上煮 2～3h，将小球倒入尼龙纱袋中，用热水洗小球 2 次，再用去离子水洗 2 次，将水甩干，把小球转移到瓷盘内，自然晾干或在 60℃烘箱中干燥 3h，称量。用 30～70 目标准筛过筛，称量，计算小球合格率。

2. 共聚小球的磺化

称取合格白球 20g，放入 250mL 装有搅拌器、冷凝管的三口烧瓶中，加入 20g 二氯乙烷，溶胀 10min，加入 100g 92%～93%的硫酸。开动搅拌器，缓慢搅动，以防把树脂粘到瓶壁上。用油浴加热，1h 内升温至 70℃，反应 1h，再升温到 80℃反应 6h。然后改成蒸馏装置，搅拌下升温至 110℃，常压蒸出二氯乙烷，撤去油浴。

冷至近室温后，用玻璃砂芯漏斗抽滤，除去硫酸，然后把这些硫酸缓慢倒入能将其浓度降低 15%的水中，把树脂小心地倒入被稀释的硫酸中，搅拌 20min。抽滤除去硫酸，将此硫酸的一半倒入能将其浓度降低 30%的水中，将树脂倒入被第二次稀释的硫酸中，搅拌 15min。抽滤除去硫酸，将硫酸的一半倒入能将其浓度降低 40%的水中，把树脂倒入被第三次稀释的硫酸中，搅拌 15min。抽滤除去硫酸，把树脂倒入 50mL 饱和食盐水中，逐渐加水稀释，并不断把水倾出，直至用自来水洗至中性。

取约 8mL 树脂于交换柱中，保留液面超过树脂 0.5cm 左右即可，树脂内不能有气泡。加 100mL 5%氢氧化钠溶液并逐滴流出，将树脂转为 Na 型，用去离子水洗至中性。再加 100mL 5%盐酸，将树脂转为 H 型，用去离子水洗至中性。如此反复三次。

3. 树脂性能的测试

（1）质量交换量：单位质量的 H 型干态树脂可以交换阳离子的摩尔数。

（2）体积交换量：单位体积的 H 型湿态树脂可以交换阳离子的摩尔数。

（3）膨胀系数：树脂在水中由 H 型（无多余酸）转为 Na 型（无多余碱）时体积的变化。

（4）视密度：单位体积（包括树脂孔隙）的干态树脂的质量。

本实验只测体积交换量和膨胀系数两项。

取 5mL 处理好的 H 型树脂放入交换柱中，倒入 300mL 1mol/L 氯化钠溶液，用 500mL 锥形瓶接流出液，流速 1～2 滴/min。注意不要流干，最后用少量去离子水冲洗交换柱。将流出液转移至 500mL 容量瓶中。锥形瓶用去离子水洗三次，也一并转移至容量瓶中，最后将容量瓶用去离子水稀释至刻度。分别取 50mL 液体于两个 300mL 锥形瓶中，用 0.1mol/L 氢氧化钠标准溶液滴定。

空白实验：取 300mL 1mol/L 氯化钠溶液于 500mL 容量瓶中，加去离子水稀释至刻度，取样进行滴定。

五、实验结果

体积交换量 E 用下式计算：

$$E = \frac{M(V_1 + V_2)}{V}$$

其中，E 为体积交换量，mol/mL；M 为氢氧化钠标准溶液的浓度，mol/L；V_1 为样品滴定消耗的氢氧化钠标准溶液的体积，mL；V_2 为空白滴定消耗的氢氧化钠标准溶液的体积，mL；V 为树脂的体积，mL。用小量筒取 5mL H 型树脂，在交换柱中转为 Na 型并洗至中性，用量筒测其体积。

膨胀系数 P 按下式计算：

$$P(\%) = \frac{V_{\mathrm{H}} - V_{\mathrm{Na}}}{V_{\mathrm{H}}} \times 100$$

其中，P 为膨胀系数，%；V_{H} 为 H 型树脂体积，mL；V_{Na} 为 Na 型树脂体积，mL。或者在交换柱中测 H 型树脂的高度，转型后再测其高度，则

$$P(\%) = \frac{L_{\mathrm{H}} - L_{\mathrm{Na}}}{L_{\mathrm{H}}} \times 100$$

其中，L_{H} 为 H 型树脂的高度，cm；L_{Na} 为 Na 型树脂的高度，cm。

六、注意事项

（1）致孔剂是指能与单体混溶，但不溶于水，对聚合物能溶胀或沉淀，但其本身不参与聚合也不对聚合产生链转移反应的溶剂。

（2）甲基酚蓝为水溶性阻聚剂。它的作用是防止体系内发生乳液聚合，如水相内出现乳液聚合，将影响产品外观。

（3）珠粒的大小是根据需要确定的。

（4）洗球是为了洗掉聚乙烯醇，在尼龙纱袋中进行比较方便。

（5）由于是强酸，操作中要防止酸被溅出。学生可准备一空烧杯，把树脂倒入烧杯内，再把硫酸倒进盛放树脂的烧杯中，可以防止酸被溅出。

七、思考与讨论

（1）氯甲基化反应结束后，用乙醇或甲醇洗涤树脂时，虽没有加热，但反应瓶内发生沸腾现象，试解释其原因。

（2）为什么在进行胺化反应时，反应体系内加入一些甲醇或二氯乙烷？

八、参考文献

潘祖仁. 2014. 高分子化学. 5 版. 北京：化学工业出版社.

钱庭宝. 1984. 离子交换剂应用技术. 天津：天津科学技术出版社.

实验三十五　硫化镉纳米颗粒的合成及紫外-可见吸收光谱表征

一、实验目的

（1）了解纳米材料的基本特性及常见合成方法。

（2）掌握硫化镉纳米颗粒的制备方法及其光吸收特性。

（3）掌握紫外-可见吸收光谱仪的操作方法和注意事项。

二、实验原理

纳米材料通常是指在三维空间内至少有一个维度在100nm以内，且具有特殊性能的材料。纳米材料因具有普通材料不具备的奇特性能，因此被广泛研究并且已逐渐应用到日常的生产生活中。对于我们来讲，了解和掌握一些纳米材料的合成及性能测试方法是非常重要的。纳米材料的制备方法很多，如溶液合成法、水热法、化学气相沉淀法、电化学生长法等。其中，溶液合成法应用最为广泛，并且操作简单、重复性好。

硫化镉是本征n型半导体，在光电转换和光催化领域有着广泛应用。纳米硫化镉具有表面效应、小尺寸效应和量子尺寸效应等。量子尺寸效应使硫化镉的能级改变，能隙变宽，吸收和发射光谱向短波方向移动。表面效应引起硫化镉纳米颗粒表面原子输运和构型的变化，同时也引起表面电子自旋结构和电子能谱的变化。纳米颗粒的这些特殊性能对其催化、光学、电学及非线性光学等性质具有重要影响。

硫化镉是一种常见的太阳能燃料转换材料，且易于制备成纳米颗粒。在本实验中将采用简单的溶液合成法制备硫化镉纳米颗粒。硫化镉的溶度积很小，镉离子和硫离子在较低浓度下即可形成硫化镉纳米颗粒沉淀。该方法制备的硫化镉颗粒尺寸通常小于10nm，且具有良好的结晶性，是典型的纳米材料。硫化镉纳米颗粒是在光辐照下吸收光子，电子从价带被激发到导带。紫外-可见吸收峰的位置及强弱与材料的本征特性、表面结构等密切相关。而且硫化镉光吸收性能决定着可能利用太阳能光谱的区域。紫外-可见吸收光谱已广泛应用到化学化工、材料科学等领域，化学相关专业学生应熟练掌握紫外-可见吸收光谱仪的原理和操作。

紫外-可见吸收光谱仪的主要测试范围为200～900nm，包括了绝大部分的紫外光区和全部的可见光区。氙灯光源通过光栅形成单波长光，照射在样品上，经样品的吸收和漫反射后，探测其光强的变化，从而能够得到该物质在一定波段范围内的光吸收变化。

三、仪器与试剂

仪器：紫外-可见吸收光谱仪、电子天平、烘箱、烧杯、量筒、磁力搅拌器、分液漏斗、布式漏斗、抽滤瓶、真空泵、研钵、烘箱等。

试剂：氯化镉（$CdCl_2 \cdot 2.5H_2O$）、九水硫化钠（$Na_2S \cdot 9H_2O$）、去离子水等。

四、实验步骤

（1）配制浓度为0.2mol/L氯化镉溶液。称取2.28g的氯化镉，磁力搅拌溶解在50mL去离子水中。

（2）配制浓度为0.2mol/L硫化钠溶液。称取3.26g的九水硫化钠，磁力搅拌溶解在75mL去离子水中。

（3）如图2-13所示，用磁力搅拌50mL 0.2mol/L氯化镉溶液，用分液漏斗将75mL 0.2mol/L硫化钠溶液低速滴加，过量的硫化钠将保证硫化镉完全沉淀。整个反应过程需磁力搅拌。

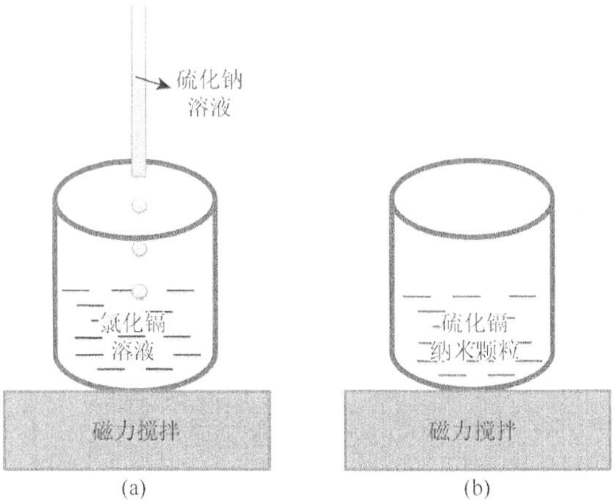

图2-13 硫化镉纳米颗粒制备过程示意图

（4）溶液中形成深黄色沉淀，即硫化镉纳米颗粒。水洗数次除去溶液中残存的硫化钠及生成的氯化钠，然后将沉淀水洗抽滤，并在烘箱中120℃烘干。

（5）将硫化镉粉体研磨后，装在石英样品槽中，进行紫外-可见吸收光谱测试。光谱的使用应严格遵循操作步骤，光吸收测试范围为300～800nm的紫外-可见光区域。

五、实验结果

（1）观察制备的硫化镉纳米颗粒的外观形貌特征和颜色，并称量其质量。

（2）测试紫外-可见吸收光谱，如图 2-14 所示。

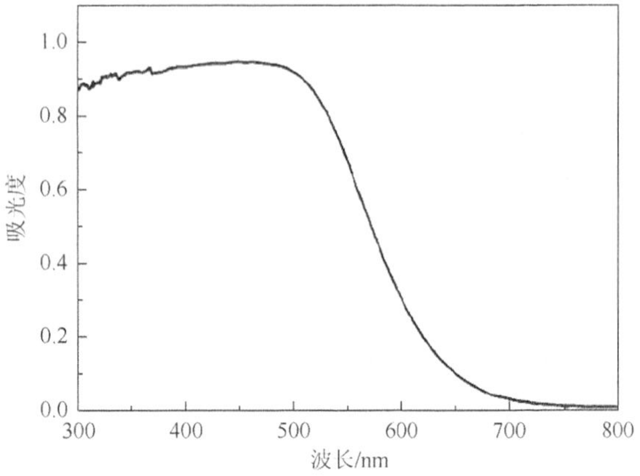

图 2-14　溶液合成法制备的硫化镉纳米颗粒的紫外-可见吸收光谱

六、注意事项

（1）不要用手或皮肤直接接触溶液或试剂。

（2）在紫外-可见吸收光谱仪使用过程中，严禁将溶液或粉体散落在光谱仪中。

七、思考与讨论

（1）紫外-可见吸收光谱与被测材料的颜色有怎样的联系？

（2）在硫化镉制备过程中，硫化钠不过量可以吗？

（3）如果将硫化镉烧结，其紫外-可见吸收光谱是否发生变化？

八、参考文献

Sun W T，Yu Y，Pan H Y，et al. 2008. CdS quantum dots sensitized TiO_2 nanotube-array photoelectrodes. Journal of the American Chemical Society，130：1124-1125.

Wang X W，Liu G，Chen Z G，et al. 2009. Enhanced photocatalytic hydrogen evolution by prolonging the lifetime of carriers in ZnO/CdS heterostructures. Chemical Communications，23：3452-3454.

实验三十六　聚己二酸乙二酯的制备及其分子量测定

一、实验目的

（1）通过聚己二酸乙二酯的制备，了解平衡常数较小的单体聚合的实施方法。

（2）通过测定酸值和析出水量，了解缩聚反应过程中反应程度和平均聚合度的变化。

（3）掌握缩聚物平均分子量的影响因素及提高平均分子量的方法。

二、实验原理

缩聚反应是由多次重复的缩合反应逐步形成聚合物的过程，大多数属于官能团之间的逐步可逆平衡反应，其中聚酯反应就是平衡常数较小（$K=4\sim10$）的反应之一。影响聚酯反应程度和平均聚合度的因素，除单体结构外，还与反应条件如配料比、催化剂、反应温度、反应时间、去水程度有关。配料比对反应程度和分子量的影响很大，体系中任何一种单体过量都会降低反应程度；采用催化剂可大大加快反应速率；提高反应温度也可加快反应速率，提高反应程度，同时促使反应中产生的低分子产物尽快离开反应体系，使平衡向着有利于生成高聚物的方向移动。因此，水分去除越彻底，反应越彻底，反应程度越高，分子量越大。为了除去水分，可采用升高体系温度、降低体系压力、加速搅拌、通入惰性气体等方法，本实验中采用前三种方法。另外，反应未达平衡前，延长反应时间也可提高反应程度和分子量。本实验由于实验设备、反应条件和时间限制，不能获得相对较高分子量的产物，只能通过测定反应程度了解缩聚反应的特点及其影响因素。

聚酯反应体系中由于己二酸上有羧基官能团存在，因而在聚合反应中应有小分子水排出，即

$$
\begin{gathered}
n\mathrm{HO(CH_2)_2OH} + n\mathrm{HOOC(CH_2)_4COOH} \longrightarrow \\
\mathrm{H{+}O(CH_2)_2OCO(CH_2)_4CO{+}_{n}OH} + (2n-1)\mathrm{H_2O}
\end{gathered}
$$

通过测定反应过程中的酸值变化或出水量来求得反应程度，反应程度计算公式如下：

$$
p=\frac{t\text{时刻出水量}}{\text{理论出水量}}\quad \text{或}\quad p=\frac{\text{初始酸值}-t\text{时刻酸值}}{\text{初始酸值}}
$$

当配料比严格控制在官能团等摩尔比时，产物的平均聚合度与反应程度的关系如下式，据此可求得平均聚合度和产物分子量。

$$\overline{x}_n = \frac{1}{1-p}$$

在本实验中，外加对甲苯磺酸为催化剂，催化剂浓度可视为基本不变（即$[H^+]$为常数），因此该反应为二级反应，其动力学关系为

$$-\frac{dc}{dt} = k[H^+]c^2$$

积分代换得

$$\overline{x}_n = \frac{1}{1-p} = kc_0t + 1$$

其中，t 为反应时间，min；c_0 为反应开始时每克原料混合物中羧基或羟基的浓度，mmol/g；k 为该反应条件下的反应速度常数，g/(mmol·min)。根据上式，当反应程度达 80%，即可以 $\overline{x}_n$ 对 t 作图求出 k，验证聚酯加酸的二级反应动力学。

三、仪器与试剂

仪器：聚合装置一套［包括三口烧瓶（250mL）、电动搅拌器、冷凝管、温度计（0～300℃）、锅式电炉、分水器、毛细管、干燥管］，真空抽排装置一套（包括水泵、安全瓶），锥形瓶（250mL），移液管（20mL），碱式滴定管，量筒，电子天平等。

试剂：己二酸、乙二醇、对甲苯磺酸、乙醇-甲苯（体积比 1∶1）混合溶剂、酚酞、0.1mol/L 氢氧化钾溶液、乙醇、去离子水等。

四、实验步骤

（1）按图 2-15 安装好实验装置，为保证搅拌速度均匀，整套装置安装要规范。

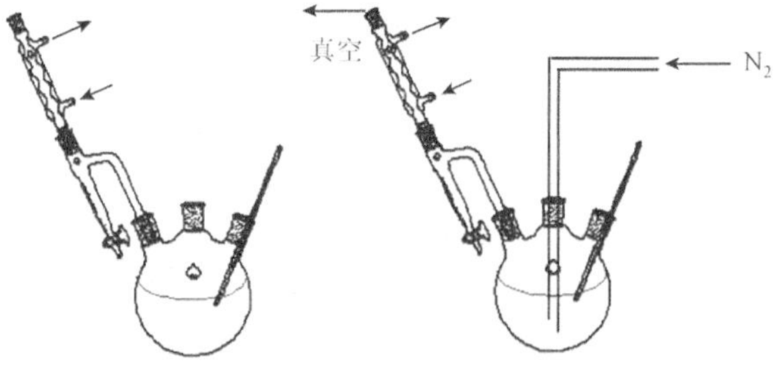

图 2-15　实验装置图

（2）向三口烧瓶中按配方顺序加入己二酸、乙二醇和对甲苯磺酸，充分搅拌后，取约 0.5g 样品（第一个样品）用电子天平准确称量，加入 250mL 锥形瓶中，

再加入 15mL 乙醇-甲苯（体积比 1∶1）混合溶剂。样品溶解后，以酚酞作指示剂，用 0.1mol/L 氢氧化钾溶液滴定至终点，记录所耗碱液体积，计算酸值。

（3）用电炉开始加热，当物料熔融后在 15min 内升温至 160℃反应 1h。在此段共取 5 个样品测定酸值：在物料全部熔融时取第二个样品，达到 160℃时取第三个样品，此温度下反应 15min 后取第四个样品，至 30min 时取第五个样品，至 45min 时取第六个样品。取第六个样品后再反应 15min。

（4）于 15min 内将体系温度升至 200℃，此时取第七个样品，并在此温度下反应 0.5h 后取第八个样品，继续再反应 0.5h。

（5）将反应装置改成减压系统，即再加上毛细管，并在其上和冷凝管上各接一支硅胶干燥管，继续保持 200℃，真空度为 100 mmHg，反应 15min 后取第九个样品，至此结束反应。

（6）在反应过程中从开始出水时，每析出 0.5～1.0mL 水，测定一次析水量，直至反应结束，应不少于十个水样。

（7）反应停止后，趁热将产物倒入回收盒内，冷却后为白色蜡状物。用 20mL 工业乙醇洗瓶，洗瓶液倒入回收瓶中。

五、实验结果

（1）酸值的测定。

酸值是指 1g 聚合物样品的溶液滴定时所消耗的氢氧化钾或氢氧化钠的毫克数。测定的方法是将聚合物溶于一些溶剂，以酚酞为指示剂，用 0.1mol/L 的氢氧化钾或氢氧化钠溶液滴定，其具体操作如下：

准确称取适量样品，放入 100mL 锥形瓶中，用移液管加入 20mL 溶剂，轻轻摇动锥形瓶使样品完全溶解。然后加入 2～3 滴 0.1%的酚酞乙醇溶液，用氢氧化钾或氧氢化钠溶液滴定至浅红色（颜色保持 15～30s 不褪）。用同样方法进行空白滴定。结果按下式计算：

$$p = \frac{(V - V_0) \times c \times 56.11}{m}$$

其中，V 为滴定样品所消耗的氢氧化钾或氢氧化钠溶液的体积；V_0 为空白实验所消耗的氢氧化钾或氢氧化钠溶液的体积，c 为氢氧化钾或氢氧化钠的摩尔浓度。

（2）按表 2-10 记录酸值，计算反应程度和平均聚合度，绘制 p-t 和 $\bar{x}_n$ -t 图。

表 2-10　酸值记录表

反应时间/min	样品质量/g	消耗的氢氧化钾溶液的体积/mL	酸值（mg KOH/g 样品）	反应程度	平均聚合度

（3）按表 2-11 记录出水量，计算反应程度和平均聚合度，绘制 p-t 和 $\overline{x}_n$-t 图。

表 2-11　出水量记录表

反应时间/min	出水量/mL	反应程度	平均聚合度

六、注意事项

（1）反应温度尽可能保持恒温。求得不同时间的反应程度，只有保证在恒温下的数据才可用于计算。

（2）反应结束，洗净仪器，收水器一定要洗干净。

（3）反应时间从加入预热的乙二醇、对甲苯磺酸后有水产生开始，反应生成的水不可放掉。

七、思考与讨论

（1）如何保证等摩尔的投料配比？

（2）在反应后期体系黏度增大，影响聚合的不利因素有哪些？怎样克服不利因素使反应顺利进行？

八、参考文献

梁晖，卢江. 2014. 高分子化学实验. 北京：化学工业出版社.

兰州大学. 2010. 有机化学实验. 3 版. 北京：高等教育出版社.

实验三十七　微电化学反应制备海胆状氧化锌球及光吸收性能测试

一、实验目的

（1）掌握微电化学反应的基本构造要素，可以根据具体的实验环境分辨出阳极和阴极。

（2）了解将铂负载在锌粉上构建氧化还原电对形成原电池，将锌粉转化为 ZnO 的制备方法。掌握电化学在材料制备中的实际应用。

二、实验原理

电化学是化学专业必须掌握的基本理论知识。如图 2-16 所示，在原电池中电化学反应需要两个电极，一个是氧化电极，另一个是还原电极，两个电极需要通过电解液或导线连通即可组成一个原电池。原电池因构造非常简单，所以被广泛应用于材料防护、制备等领域。因此，如何将电化学知识应用于材料的合成，以及如何在制备过程中构建原电池结构等成为化学专业学生应该熟练掌握的基本技能。

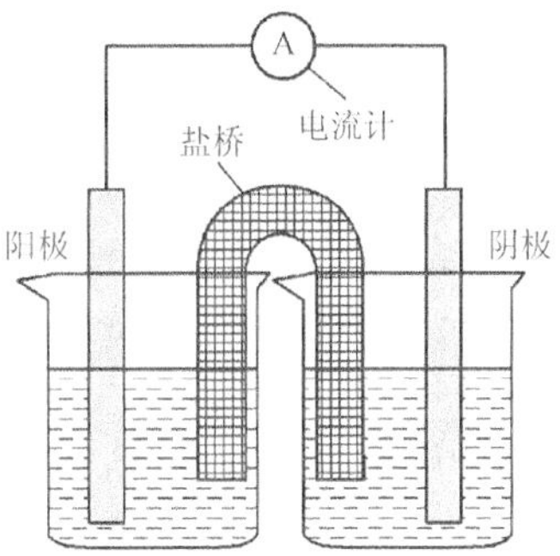

图 2-16　原电池的结构示意图

Zn 粉作为一种较活泼的金属，在空气中会自发氧化，但自然氧化速率非常缓慢。例如，一个直径 10μm 的金属 Zn 球在几年内都不能在空气中完全自然氧化。简单利用电化学知识将锌粉快速转化为 ZnO 是本实验的目的，其中构建氧化还原电对是电化学反应的前提。本实验将从电化学的基础知识出发，通过简单的置换方法在锌粉表面负载少量金属活泼性比 Zn 低的金属，如 Pt、Co、Fe 等，其中 Pt 效果最佳，是常见的惰性电极。Pt 和 Zn 在水中形成了 Zn-ZnO 和 $Pt-H_2-H_2O$ 的氧化还原电对。锌粉将在这种微原电池环境中不断转换为 ZnO。该实验在纯水中即可完成，清洁无毒，操作简单，现象明显。

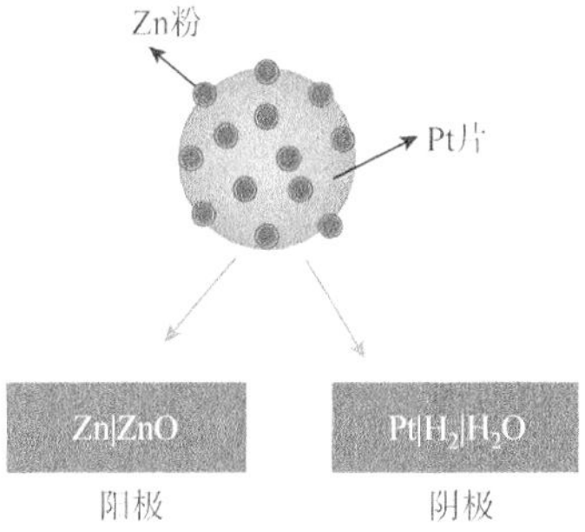

图 2-17　Zn 粉负载金属 Pt 构建原电池的结构示意图

Pt 诱导微电化学生长 ZnO 的基本原理如图 2-17 所示。原电池由氧化还原电对、电解液和导线构成。其中，电解液起离子传输的作用，导线是为了电子的传输。在金属 Zn 转化为 ZnO 的过程中，金属 Zn 与 ZnO 构成了一个氧化电对。另一电对通过氢电极构建，由于 H_2-H_2O 不能直接作为电极，需要引入惰性电极 Pt，这样就构成了 Pt-H_2-H_2O 还原电对。以 Zn 为主导的氧化电极与 Pt 为主导的还原电极可以通过 Pt 与 Zn 球直接接触完成电子的传输，从而将氧化还原电极构建成一个封闭的回路，使金属 Zn 不断转化为 ZnO，同时伴随大量 H_2 气泡产生。

三、仪器与试剂

仪器：烧杯、容量瓶、磁力搅拌器、烘箱或加热台等。

试剂：锌粉、氯铂酸、去离子水等。

四、实验步骤

（1）将氯铂酸配制为含有 1mg/mL Pt 的水溶液。按照氯铂酸试剂说明计算每克氯铂酸中 Pt 的含量，以 $H_2PtCl_6 \cdot 6H_2O$ 为例，Pt 质量比约为：$M(Pt)/M(H_2PtCl_6 \cdot 6H_2O) = 37.6\%$，即每克氯铂酸可以配制 376mL 的含有 1mg/mL Pt 的水溶液。将配制好的氯铂酸置于容量瓶待用。

（2）称量 100mg 锌粉，分散在 50mL 去离子水中，采用磁力搅拌器搅拌分散后，加入质量比 1%的 Pt，即 1mL 配制好的氯铂酸溶液。搅拌 10min 后静置，可以发现有大量气泡冒出，表明微电化学反应正在持续进行。

（3）为了加速 Pt 诱导电化学将锌粉转化为 ZnO 的速度，将 Pt 负载锌粉水溶液放在加热台上，温度控制在 80℃。经过 4h 的反应，气泡基本消失，表明氧化锌粉的电化学生长过程基本完成，锌粉转化为 ZnO。

（4）将沉淀水洗 3 次，在烘箱或加热台上 100℃蒸干收集。首先可以通过颜色初步判断样品由最初的深灰色变成灰白色。通过紫外-可见分光光度计测试其吸收光谱，ZnO 的吸收在 390nm 附近。

五、实验结果

（1）观察锌粉反应后颜色的变化，并称量其反应前后的质量变化。

（2）绘制紫外-可见吸收光谱图。

六、注意事项

（1）不要用手或皮肤直接接触溶液或试剂。

（2）加热时，规范操作，避免烫伤。

七、思考与讨论

（1）上述实验的微电化学原电池与 Cu-Zn 原电池有什么异同点？

（2）讨论电化学反应在材料制备中可能的应用。

（3）锌粉不能很好地分散在水中，应该如何处理？

（4）加热对气泡的产生速度和 Zn 的转化速率有什么影响？

八、参考文献

Wang G M，Wang H Y，Ling Y C，et al. 2011. Hydrogen-treated TiO_2 nanowire arrays for photoelectrochemical water splitting. Nano Letters，11（7）：3026-3033.

Wang X W，Yao X. 2014. Photo-electrochemical behaviors of hollow ZnO spheres prepared by zinc in aqueous solution. Chemistry Letter，43：595-597.

Zhang Q F，Dandeneau C S，Zhou X Y，et al. 2009. ZnO nanostructures for dye-sensitized solar cells. Advanced Materials，21（41）：4087-4108.

实验三十八　常用引发剂的精制

1. 过氧化苯甲酰的精制

过氧化苯甲酰常采用重结晶法提纯，通常用氯仿作溶剂，以甲醇作沉淀剂进行精制。过氧化苯甲酰只能在室温下处理，不能加热，否则容易爆炸。

精制步骤：在 100mL 烧杯中加入 5g 过氧化苯甲酰和 20mL 氯仿，搅拌，使其溶解，过滤，滤液直接滴入 50mL 甲醇中，得白色针状结晶，过滤，用冷甲醇洗涤，抽干，重结晶两次，置于干燥器中重干燥，称量。产品放在棕色瓶中保存备用，熔点为 170℃（分解），在不同溶剂中的溶解度见表 2-12。

表 2-12　过氧化苯甲酰在不同溶剂中的溶解度（20℃）

溶剂	溶解度/(g/100mL)	溶剂	溶解度/(g/100mL)
石油醚	0.5	丙酮	14.6
甲醇	1.0	苯	16.4
乙醇	1.5	氯仿	31.6
甲苯	11.0		

2. 偶氮二异丁腈的精制

偶氮二异丁腈的精制主要是用低级醇作溶剂，如乙醇、水-乙醇溶液、甲醇，乙醚、甲苯、石油醚等也有应用。

精制步骤：在装有球形冷凝管的 150mL 锥形瓶中，加入 50mL 95%乙醇，在水浴上加热至接近沸腾，迅速加入 5g 偶氮二异丁腈，振摇使其全部溶解，趁热过滤，冷却滤液，得白色结晶，用布氏漏斗过滤，结晶置于干燥器中干燥，称量。产品置棕色瓶中备用，在阴凉处存放，熔点为 102～103℃（分解）。

3. 过硫酸钾或过硫酸铵的精制

过硫酸盐中的主要杂质是硫酸氢钾（铵）和硫酸钾（铵），可用少量水反复重结晶除去。

精制步骤：在 40℃下，将过硫酸盐溶解、过滤，滤液用冰冷却，结晶析出，过滤，用冷冰水洗涤结晶，用氯化钡溶液检验洗涤溶液无硫酸根为止。将白色结晶（柱状或板状）置于干燥器中干燥，保存备用。

4. 三氟化硼乙醚液的精制

三氟化硼乙醚液[$BF_3 \cdot (CH_3CH_2)_2O$]为无色透明液体，接触空气易被氧化，使色泽变深，可采用减压蒸馏精制。例如，在 500mL 商用三氟化硼乙醚液中加入 10mL 乙醚和 2g 氢化钙（CaH_2）减压蒸馏。它的沸点为 46℃/10mmHg，$n_D^{20}=1.348$。

5. 四氯化钛的精制

四氯化钛（$TiCl_4$）中常有氯化亚铁，可加入少量铜粉，加热与其作用，过滤，滤液再减压蒸馏。

第三章　能源催化类化学综合实验

实验三十九　氧化锌光电极的制备与光电化学性能测试

一、实验目的

（1）学会使用电化学工作站测定半导体材料的光电化学性能。

（2）掌握光电极制备的基本操作过程。

（3）通过氧化锌光电极的制备与光电化学性能测试了解光电化学的基本原理。

二、实验原理

随着过去一百年来人口数量的急剧增加和现代工业的飞速发展，汽油、煤炭、天然气等化石能源作为不可再生能源，将逐步枯竭。相比之下，太阳能是取之不尽、用之不竭的。但由于太阳能单位面积的平均能量密度较低，需要将太阳能转化为一种可存储的清洁能源载体才能有效而广泛地利用。光电化学分解水是一种极具潜力的制氢途径，可将太阳能转化为便于输运和储存的清洁能源氢能。如图 3-1 所示，受光激发后，半导体材料产生的光生空穴（h^+）迁移到电极表面与水发生氧化反应生成氧气，光生电子（e^-）则通过外电路转移到对电极，在对电极表面与水发生还原反应生成氢气。与此同时，可以通过外加电压来提高产氢效率。

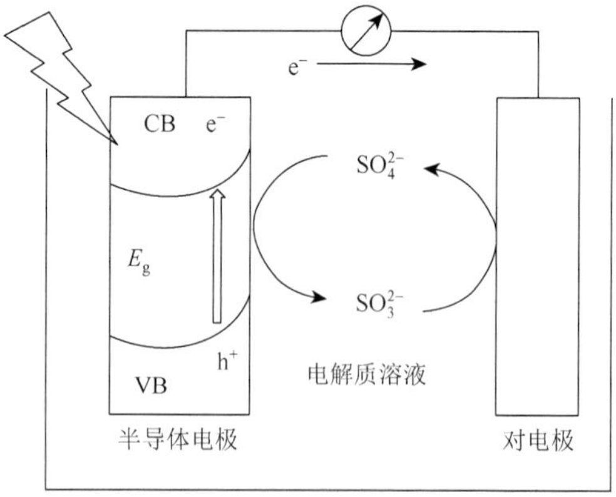

图 3-1　光电化学的原理图

三、仪器与试剂

仪器：电化学工作站、氙灯、烘箱、万能表、FTO 导电玻璃片、玻璃棒、电子天平、玛瑙研钵、加热台、超声波清洗机、电化学池、铂电极、氯化银电极等。

试剂：氧化锌、丙酮、乙醇、乙酰丙酮、曲拉通 X-100、硫酸钠溶液、去离子水、环氧树脂、聚酰胺树脂、去离子水等。

四、实验步骤

（1）将 FTO 导电玻璃片用丙酮浸洗后，超声 5min，再放入去离子水中洗涤，在乙醇中超声 5min，保存在乙醇中备用。

（2）取 100mg 氧化锌放入玛瑙研钵中，加入两滴曲拉通 X-100、两滴乙酰丙酮和 5mL 的去离子水，然后研磨 1～2h 至黏稠糊状。

（3）用万能表测试 FTO 导电玻璃片的导电面（有电阻值的一面为导电面），通过透明胶带控制形状和厚度，利用刮片法将研磨好的样品涂至已处理干净的 FTO 导电玻璃片的导电面，形成 0.5cm×2cm 的氧化锌薄层。待样品初步晾干后，将 FTO 导电玻璃片放置 200℃烘箱中保持 1h。冷却至室温后，将环氧树脂和聚酰胺树脂按 1∶1 的比例混合，把混合胶涂在 FTO 导电玻璃片导电面裸露的导电部分进行封装。然后将 FTO 导电玻璃片置于 50℃烘箱中烘 0.5h，最后取出冷却至室温。

（4）将样品玻璃片放入电化学池，采用三电极系统（涂有氧化锌的 FTO 导电玻璃作为工作电极、氯化银电极作为参比电极和铂片对电极，电解液为 0.1mol/L 的硫酸钠溶液），在电化学工作站中进行光电化学性能测试。以氙灯作为光源，在电化学工作站中选择循环伏安测试，进行明-暗循环的光电流测试。

（5）导出测试数据，绘制氧化锌样品电流随附加电压变化的曲线，如图 3-2 所示。

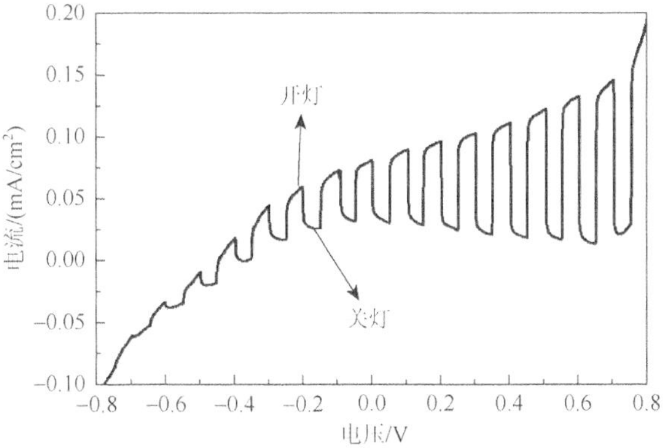

图 3-2　氧化锌的光电化学性能图

五、实验结果

测试氧化锌薄膜电极随电压变化的光电流曲线。

六、注意事项

不要用眼睛直视氙灯光源，以防强光刺伤眼睛。

七、思考与讨论

（1）光电化学的工作原理是什么？

（2）氧化锌电极片光电流的影响因素有哪些（至少列出三个以上）？

八、参考文献

刘守新，刘鸿. 2006. 光催化及光电催化基础与应用. 北京：化学工业出版社.

潘春旭，黎德龙，江旭东，等. 2018. 新型纳米光催化材料. 北京：科学出版社.

王后锦，吴晓婧，王亚玲，等. 2011. 二氧化钛纳米管阵列光电催化同时降解苯酚和 Cr(Ⅵ). 催化学报，23（4）：637-342.

实验四十　γ-Al_2O_3的制备、表征及脱水活性评价

一、实验目的

（1）了解 γ-Al_2O_3 的制备方法。

（2）了解 NH_3-TPD 和 CO_2-TPD 方法测定固体表面酸、碱性的原理及方法。

（3）了解固体催化剂的活性评价方法。

二、实验原理

Al_2O_3是能源化工工业上常用的化学试剂，由于制备条件不同，具有不同的结构和性质。到目前为止，Al_2O_3按其晶形可分为 8 种，即 α-Al_2O_3、θ-Al_2O_3、γ-Al_2O_3、δ-Al_2O_3、η-Al_2O_3、χ-Al_2O_3、κ-Al_2O_3和 ρ-Al_2O_3型。Al_2O_3可用作吸附剂、催化剂和催化剂载体。其中 γ-Al_2O_3用途最广，因为它比表面积大，在大多数催化反应的温度范围内稳定性好。γ-Al_2O_3被用作载体时，除可以起到分散和稳定活性组分的作用外，还可提供酸、碱活性中心，与催化活性组分起到协同作用。

γ-Al_2O_3可由勃母石（$Al_2O_3 \cdot H_2O$）在 500～850℃下焙烧而成。进一步提高焙烧温度，γ-Al_2O_3则相继转化为 β-Al_2O_3、θ-Al_2O_3和 α-Al_2O_3。

γ-Al_2O_3水合物在焙烧脱水过程中通过以下反应形成 L 酸中心（可以接受电子对的物质）和 L 碱中心（可以提供电子对的物质）：

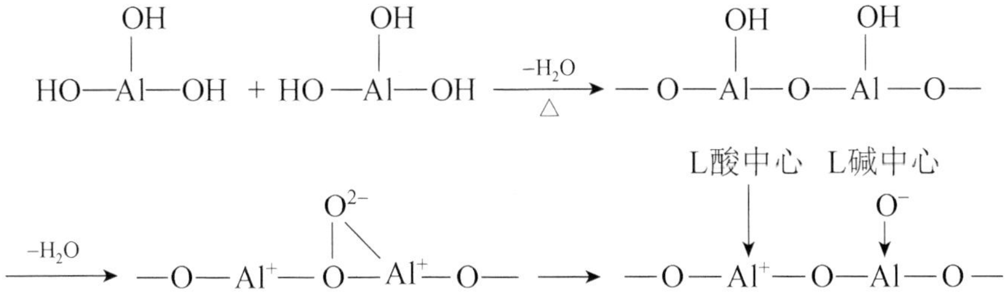

而上述 L 酸中心很容易吸收水转变成 B 酸中心：

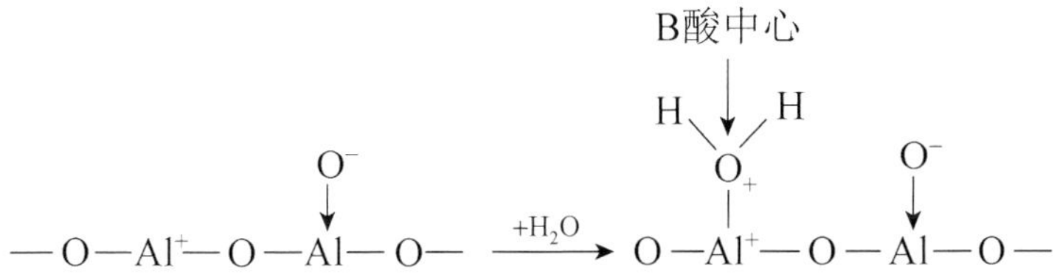

凡能给出质子（氢离子）的物质称为 B 酸中心；凡能接受质子的物质称为 B 碱中心。

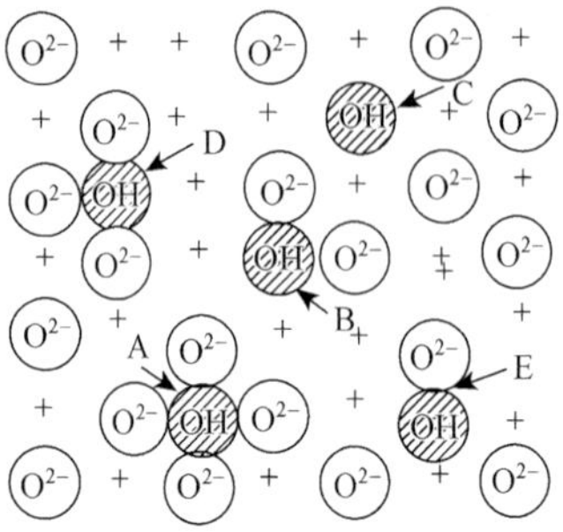

图 3-3　Al_2O_3 表面的羟基

+表示 L 酸中心，O^{2-}表示 L 碱中心

在用 Al_2O_3 作催化剂时，其表面酸碱性质除与制备条件有关外，还与焙烧过程中 Al_2O_3 脱水程度及其晶形有关。经 800℃焙烧过的 Al_2O_3 得到的红外吸收光谱图中，有 3800cm^{-1}、3780cm^{-1}、3744cm^{-1}、3733cm^{-1}和 3700cm^{-1}等 5 个吸收峰。这 5 个吸收峰对应于图 3-3 中 5 种不同的—OH（分别以 A～E 表示）。这些—OH 周围配位的酸或碱中心数不同，使每种—OH 的性质也不同，故出现 5 种不同的—OH 吸收峰。

醇在 Al_2O_3 的酸、碱位的协同作用下可以发生脱水反应而生成相应的醚。例如，甲醇脱水生成二甲醚的反应机理如下：

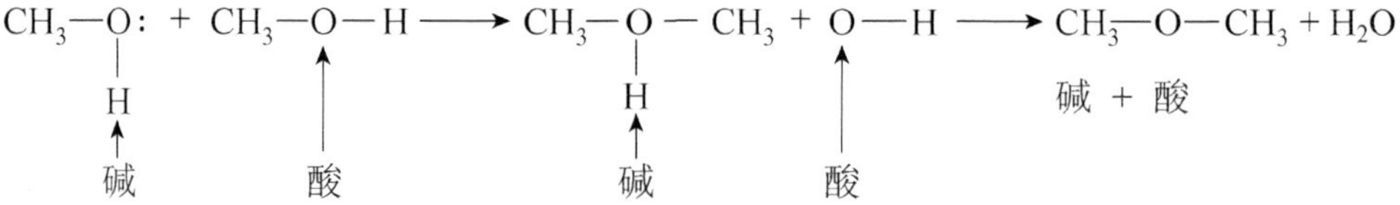

二甲醚本身可用作喷雾剂、冷冻剂和燃料，同时又是合成气生产汽油和乙烯等的中间体，因此，研究甲醇脱水制备二甲醚的反应有重要意义。

催化反应的活性评价是研究催化过程的重要组成部分，无论在生产还是在科学研究中，它都是提供初始数据的必要方法。

评价一种催化剂的优劣通常要考察 3 个指标，即活性、选择性及使用寿命。活性一般由反应物料的转化率来衡量；选择性是指目标产物占所有产物的比例；使用寿命是指催化剂能维持一定的转化率和选择性所使用的时间。一种好的催化剂必须同时满足上述 3 个条件，其中活性是基本前提，只有在达到一定的转化率时才能追求其他高指标。选择性可直接影响后续分离过程及经济效益。至于催化剂的使用寿命，人们当然希望它越长越好，但因在反应过程中催化剂会出现不同程度的物理及化学变化，如中毒、结晶颗粒长大、结炭、流失、机械强度降低等，使催化剂部分或全部失去活性。在工业生产上，一般催化剂使用寿命为半年、一年甚至两年，对于某些贵金属催化剂还要考虑回收及再生等问题。

开发一种新型催化剂需要做很多工作，如催化剂的制备方法、组成和结构等对其活性及选择性均有影响，而且同一种催化剂在不同反应条件下得到的结果也是不一样的。所以，催化剂的评价是复杂而细致的工作。一般起步于实验室的微型反应装置，在不同反应条件下考察单程转化率及选择性，对实验结果较好的催化剂再进行连续运行考察使用寿命，根据需要进行逐级放大。在放大过程中还必须考虑传质、传热过程，为设计工业生产反应器提供工艺及工程数据。当然，开发新型催化剂不仅限于评价工作，还应同时研究它的反应动力学和机理、失活原因等，为催化剂的制备提供信息。总之，开发一种性能良好的催化剂需要一个漫长的过程。

催化剂的实验评价装置多种多样，但大致包括进料、反应、产物接收和分析等几部分。对于一些单程转化率不高的反应，物料需要进行循环。装置中要用到各种阀门、流量计及控制液体流量的计量泵。控制温度常用精密温度控制仪及程序升温仪等。产物的接收常用各种冷浴，如冰、冰盐、干冰-丙酮、液氮及电子冷阱等。反应器及管路材料视反应压力、温度、介质而定。管路通常还需加热保温。综上因素，一个简单的化学反应有时装置也较复杂。目前，比较先进的实验室已广泛使用计算机控制，从而为研究人员提供了方便。

产品的分析是十分关键的环节，若不能给出准确的分析结果，其他工作都是徒劳的。目前在催化研究中，使用最普遍的是气相或液相色谱。所使用的色谱检测器，视产物的组成而定。热导池检测器多用于常规气体及产物组成不太复杂且各组分浓度较高的样品分析；氢火焰检测器的灵敏度高，适用于微量组分分析，主要用于分析碳氢化合物。对于组分复杂的产物通常用毛细管柱分离。

既然甲醇脱水制备二甲醚的反应是在 γ-Al_2O_3 表面酸、碱位的协同作用下进行的，那么，γ-Al_2O_3 表面酸、碱的强度和酸、碱位的数量必然与反应性能有密切关系。因此，本实验还安排了用 NH_3-TPD 和 CO_2-TPD 方法测定 γ-Al_2O_3 表面酸、碱强度和酸、碱位数量。它们的基本原理是，先让 γ-Al_2O_3 吸附 NH_3 或 CO_2，然后在惰性气流中进行程序升温。与酸位结合的 NH_3 或与碱位结合的 CO_2 就会脱附出来。脱附峰对应的温度越高，表示酸（或碱）的强度越大；而脱附峰的面积则表示酸（或碱）位的数量。

三、仪器与试剂

仪器：量筒、恒温水浴锅、真空泵、电导仪、箱式高温炉、电子天平、反应装置（图 3-4）、气相色谱-质谱联用仪、积分仪、氢气发生器、TPD 装置（图 3-4）等。

试剂：甲醇（分析纯或化学纯）、高纯 N_2、自制 γ-Al_2O_3 催化剂、$NaAlO_2$（分析纯）、浓盐酸（分析纯）、NH_3-He 混合气、高纯 He（99.99%）、去离子水等。

四、实验步骤

1. γ-Al_2O_3 的制备

（1）先用量筒配制体积比为 1∶5 的盐酸 200mL。

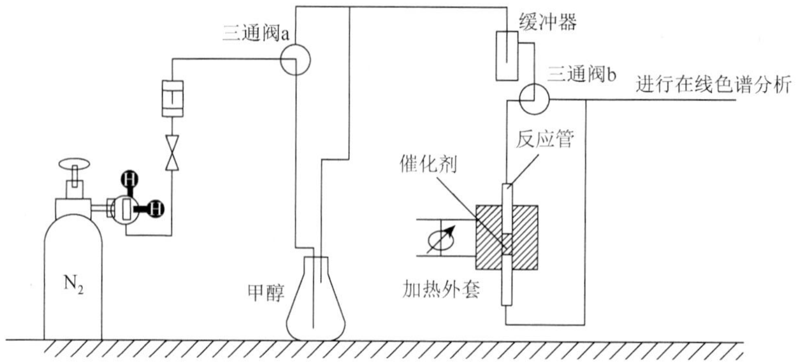

图 3-4　由甲醇合成二甲醚的反应装置流程示意图

（2）称取 8g $NaAlO_2$，溶于 150mL 去离子水中，使其充分溶解，如有不溶物可加热搅拌。

（3）将配制好的 $NaAlO_2$ 溶液置于 70℃恒温水浴中，搅拌，慢慢滴加配制好的盐酸溶液。控制滴加速率为 10s/滴，约滴加 55mL 盐酸，测量 pH 为 8.5～9.0 时，即到达终点（控制 pH 很重要）。

（4）继续搅拌 5min，在 70℃水浴中静置老化 0.5h，过滤、洗涤沉淀直至无 Cl^-（滤液电导率在 $50\Omega^{-1}$ 以下）。

（5）将沉淀置于烘箱内，在 120℃以下烘干 8h 以上。

（6）在 450～550℃下焙烧 2h。

（7）称量所得 γ-Al_2O_3 的质量。

2. γ-Al_2O_3 的活性评价

反应装置如图 3-4 所示。甲醇由 N_2 带入反应器，在三通阀 a、三通阀 b 两处分别取样，分析甲醇被带入量及产物组成。冰浴中收集到的组分是反应生成的部分水。在常温下二甲醚呈气体状态，存在于反应尾气中。

（1）将 γ-Al_2O_3 粉末在压片机上以 500MPa 压力压成圆片，再破碎、过筛，选取 40～60 目筛分备用（预习时完成）。

（2）将 1g 催化剂装填于反应管内，并将反应管与管路连接好。

（3）打开氮气瓶，选择三通阀 a 的位置，使 N_2 不通过甲醇瓶而直接进入反应器，控制 N_2 流量为 40mL/min。开启加热电源，使反应管升温至 250℃。切换三通阀 a，使 N_2 将甲醇带入反应器，开始反应。计算空速、线速及接触时间。

（4）色谱分析。检测器：TCD；色谱柱：GDX-403，长 2m；载气：40mL/min H_2；柱温：80℃；桥流：150mA；气化温度：160℃。

分析步骤（在反应前完成）：先通载气，待载气流量达到规定值时，打开色谱仪总电源，再启动色谱室。然后接通气化器电源，待柱温升到 80℃并稳定后，打开热导池电流开关，将桥流调至规定值。

（5）待反应进行一段时间后，通过切换三通阀 b 用色谱仪分别分析反应尾气和原料气，由分析结果可计算出甲醇的转化率及选择性。每个取样点取两个平行数据。

（6）将反应管升温至 400℃继续反应，待温度稳定 0.5h 后，再取一组样。每点仍取两个平行数据。

（7）停止反应，将三通阀 a 转向，断开甲醇通路，关闭加热电源，2min 后关闭 N_2，同时将色谱仪关闭（按与开机相反的顺序操作）。

3. γ-Al_2O_3 表面酸性测量

（1）让质谱仪处于备用状态。

（2）将 0.1g γ-Al_2O_3（实验步骤 1 中筛分好的）置入反应管，如图 3-5 所示。

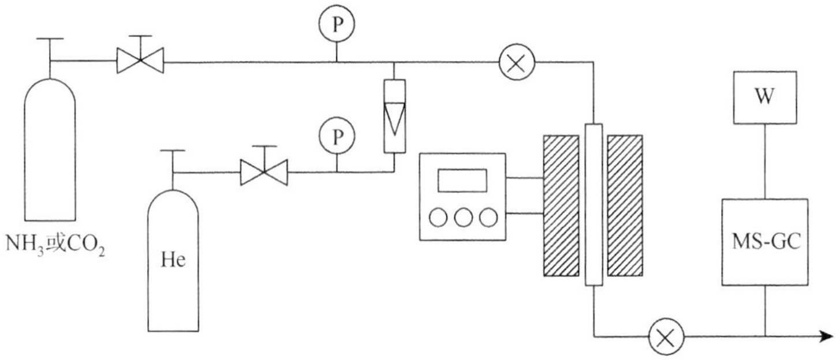

图 3-5 γ-Al_2O_3 表面酸性测量示意图

（3）以 40mL/min 的流速通入 He，将反应管升温至 300℃并恒温 1h。

（4）将反应管降至室温。

（5）将 He 切换为 NH_3-He 混合气（40mL/min）以进行 NH_3 的吸附，此过程持续 20min。

（6）将 NH_3-He 混合气切换为 He（40mL/min）进行吹扫，直至质谱仪检测器基线稳定。

（7）由室温以 10℃/min 的速度进行程序升温（至 800K 左右），同时用质谱仪记录升温曲线。

4. γ-Al_2O_3 表面碱性测量

将 NH_3-He 混合气更换为 CO_2。

五、实验结果

（1）计算 γ-Al_2O_3 的产率并分析可能造成损失的原因。

（2）记录装填催化剂的质量、体积、N_2 流速（单位：mL/min）、室温、反应恒温时间。

（3）计算甲醇在 N_2 中的体积分数，并计算空速、线速及接触时间。

（4）记录在两种不同温度下甲醇及二甲醚的色谱峰面积，分别计算甲醇的转化率，并比较温度对活性和选择性的影响。

（5）与其他同学的实验结果进行对照，定性讨论反应性能与 γ-Al_2O_3 表面酸、碱强度和酸、碱位数量之间的关系。

六、注意事项

（1）务必按照色谱的开机和关机顺序操作。

（2）色谱内为高温区，切勿打开用手触摸。

（3）严格遵守相关事宜操作。

七、思考与讨论

（1）γ-Al_2O_3 的 L 酸、B 酸中心是如何产生的？

（2）γ-Al_2O_3 为什么可以提高甲醇脱水生成二甲醚的反应速率？

（3）反应温度和压力对二甲醚的产率有什么影响？

（4）你对实验改进有哪些设想和建议？

八、参考文献

尹元根. 1988. 多相催化剂的研究方法. 北京：化学工业出版社.

Postula W S，Anthony R G. 1994. Effect of hydrogen sulfide on isosynthesis over 7 wt.% cerium zirconia catalyst. Applied Catalysis A：General，（112）：175-185.

Tseng S C，Jackson N B，Ekerdt J G. 1990. Isosynthesis reaction of CO/H_2 over zirconium dioxide. Journal of Catalysis，（109）：284-297.

实验四十一　浸渍法制备加氢脱氢催化剂 $Pd/\gamma\text{-}Al_2O_3$

一、实验目的

（1）了解 $Pd/\gamma\text{-}Al_2O_3$ 催化剂的组成及其作用。

（2）掌握等体积浸渍法和浸渍沉淀法制备 $Pd/\gamma\text{-}Al_2O_3$ 催化剂。

（3）掌握制备工艺对催化剂性能的影响。

二、实验原理

催化剂是在化学反应中能改变其他物质的反应速率，而本身的质量和化学性质在反应前后都没有变化的物质。催化剂主要包括五大类：固体酸碱催化剂、分子筛催化剂、金属催化剂、金属氧化物和金属硫化物催化剂及络合催化剂。金属催化剂是一类重要的工业催化剂，几乎所有的金属催化剂都是过渡金属，这与金属的结构、表面化学键有关。贵金属催化剂具有较高的催化活性，同时还具有耐高温、抗氧化、耐腐蚀等综合优良特性。

催化剂通常由活性金属组分、助催化剂及载体组成。助催化剂是添加到催化剂中的少量物质，它本身无活性或活性很小，但能改善催化剂的性能。载体是催化剂活性组分的分散剂或支持物，其主要作用是增加催化剂的有效表面，提供合适的孔结构，保证足够的机械强度和热稳定性。常用的催化剂载体有 Al_2O_3、SiO_2、活性炭等。Al_2O_3 具有不同晶形（α、β、θ、δ、η、γ 等），常见的是 $\alpha\text{-}Al_2O_3$ 和 $\gamma\text{-}Al_2O_3$。自然界中的刚玉为 $\alpha\text{-}Al_2O_3$，六方紧密堆积晶体，熔点(2015±15)℃，密度 $3.965g/cm^3$，硬度 8.8，不溶于水、酸或碱。$\gamma\text{-}Al_2O_3$ 不溶于水，能溶于强酸或强碱溶液，将它加热至 1200℃就全部转化为 $\alpha\text{-}Al_2O_3$。$\gamma\text{-}Al_2O_3$ 是一种多孔性物质，每克的内表面积高达数百平方米，活性高、吸附能力强。

催化剂的性能（活性、选择性和稳定性）不仅取决于其组分和含量，而且与其制备的方法和工艺条件密切相关。催化剂常用的制备方法有沉淀法（包括共沉淀）、溶胶-凝胶法、浸渍法、机械混合法、熔融法和特殊制备方法等。沉淀法：用沉淀剂将可溶性的催化剂组分转化为难溶或不溶化合物，经分离、洗涤、干燥、焙烧、成型或还原等工序，制得成品催化剂，广泛用于高含量的非贵金属、金属氧化物、金属盐催化剂或催化剂载体。溶胶-凝胶法：金属化合物经溶液、溶胶、凝胶而固化，再经低温热处理而生成纳米粒子。其特点是反应物种多、产物颗粒均一、过程易控制。溶胶（sol）是具有液体特征的胶体体系，分散的粒子是固体或者大分子，分散的粒子大小为 1～1000nm。凝胶（gel）是具有固体特征的胶体体系，被分散的物质形成连续的网状骨架，骨架孔隙中充有液体或气体。凝胶中分散相的含量很低，一般为 1%～3%。熔融法：借高温条件将催化剂的各个组分熔合成为均匀分布的混合体、氧化物固体溶液或合金固体溶液，以制取特殊性能的催化剂。一些需要高温熔炼的催化剂都用这种方法，主要用于氨合成熔铁催化剂、费-托合成催化剂、兰尼骨架催化剂等的制备。浸渍法：将含有活性组分（或连同助催化剂组分）的液态（或气态）物质浸载在固态载体表面。该法基于毛细管渗透原理，是一种常用的制备负载型金属或金属氧化物催化剂的方法。该方法所制备催化剂的催化性能不仅与负载的金属或氧化物的种类、含量有关，而且多数情况下还与金属在载体上的分散度及载体的性质有关，此外还受溶剂、溶液浓度及 pH、干燥和焙烧温度等因素影响。例如，载体的吸附量随溶液浓度的提高而增加，浓度过大容易得到较大晶粒，而且活性组分分布不均匀，因此通常采用较稀的溶液，当要求大负载量时，可多次浸渍。

浸渍方法有：①过量溶液浸渍，浸渍溶液体积超过载体微孔能容纳的体积，常在弱吸附的情况下使用；②等体积浸渍，浸渍溶液体积与载体有效微孔容积相等，无多余废液，可省略过滤，便于控制负载量和连续操作；③多次浸渍法，浸渍、干燥、焙烧反复进行多次，直至负载量足够为止，适用于浸载组分的溶解度不大的情况，也可用来依次浸载若干组分，以回避组分间的竞争吸附。

干燥是脱去游离水的过程，它常在 80～200℃下进行。在干燥过程中水从颗粒外表面蒸发去除，而颗粒内部水则通过小孔和大孔向外表面扩散。干燥时，孔内的活性组分也会随着蒸发的水向外迁移，使其分布不均匀。采用快速干燥或者低温慢速干燥可使活性组分分布得较均匀。

焙烧是除干燥以外的进一步热处理。在焙烧过程中可发生下述一种或几种变化：①热分解，如 $PdCl_2 + O_2 \longrightarrow PdO + Cl_2$；②发生固相反应；③形成固熔体。

三、仪器与试剂

仪器：容量瓶、坩埚、红外灯、马弗炉、烘箱、烧杯、超声波清洗机等。

试剂：$PdCl_2$、盐酸、γ-Al_2O_3、氢氧化钠溶液、去离子水等。

四、实验步骤

1. H_2PdCl_4溶液的配制

称取 8.3393g $PdCl_2$（$PdCl_2$摩尔质量为 177.31g/mol）固体置于 100mL 容量瓶中，然后量取 10mL 盐酸和 80mL 去离子水一起置于容量瓶中，振荡后放在超声波清洗机中超声至 $PdCl_2$ 固体溶解后取出，将容量瓶中溶液摇匀后添加去离子水至刻度线，配好的溶液即为 100mL 0.05g/mL H_2PdCl_4 溶液。

2. 等体积浸渍法制备负载量为0.6%（质量分数）的Pd/γ-Al_2O_3催化剂

称取两份质量皆为1g的γ-Al_2O_3，其中一份作为空白载体先做一组空白实验，以确定载体γ-Al_2O_3的吸水率。一般来说，可以量取1g载体堆体积的溶液，然后配制等体积的浸渍液。如需得到较准确的载体吸水率，可称取1g载体，试着边慢慢加入去离子水边不停搅拌，当载体达到黏稠状时，视为催化剂溶液达到饱和，根据用掉的去离子水量即可计算出载体的吸水率。

Pd/γ-Al_2O_3催化剂的制备：催化剂中Pd含量为0.6%（质量分数），计算并量取一定量的$PdCl_2$水溶液于小烧杯中，加水稀释至1.0g γ-Al_2O_3载体吸附水的体积。将溶液搅拌均匀后慢慢加入载体中并不停搅拌，当载体达到黏稠状后，放置4h。上述样品放在红外灯中初步干燥，然后放入烘箱于120℃干燥1h，再转入坩埚于马弗炉中500℃焙烧2h即得Pd/γ-Al_2O_3催化剂。

3. 浸渍沉淀法制备负载量为2.5%（质量分数）的Pd/γ-Al_2O_3催化剂（选做）

向烧瓶中加入5g载体γ-Al_2O_3，然后加入一定比例的去离子水，放置于60℃的恒温水浴中，并用磁力搅拌器搅拌，待搅拌均匀后，逐滴加入2.5mL浓度为0.05g/mL的H_2PdCl_4溶液，加入完成后恒温60℃并持续搅拌6h，后逐滴加入浓度为5%的氢氧化钠溶液至pH为10以沉淀未被载体完全吸附的H_2PdCl_4，继续搅拌1h后，过滤，然后用去离子水进行洗涤至pH不变为止，置于120℃烘箱中干燥1h，置入500℃的马弗炉中焙烧2h即得Pd/γ-Al_2O_3催化剂。

4. Pd/γ-Al_2O_3催化剂的还原（在进行催化剂评价前还原）

用H_2对催化剂进行还原是最常用的催化剂还原方法之一。使用H_2进行催化剂还原时，一定要在通入H_2之前利用惰性气体进行检漏，以避免发生危险。H_2流量设为10mL/min，由流量计进行控制，还原温度为300℃，升温速率为10℃/min，由程序升温控制系统进行控制。还原结束待温度冷却至室温后再停止通入H_2，还原好的样品装入样品袋密封保存。

五、实验结果

（1）熟练掌握合成过程，能够独立操作完成。

（2）采用XRD测试氧化钯是否被完全还原。

六、注意事项

（1）使用等体积浸渍法制备负载型贵金属催化剂时，一定要准确测定载体的吸水率，且要搅拌均匀，使催化剂呈现均匀黏稠状后再进行室温静置和干燥等步骤。

（2）使用浸渍沉淀法制备负载型贵金属催化剂时，一定要在浸渍结束前对浸渍溶液进行 pH 调节，以避免贵金属的浪费。

（3）使用 H_2 进行催化剂还原时，一定要在通入 H_2 之前利用惰性气体进行检漏，以避免发生危险。H_2 尾气放空在无火灾隐患的室外通风处。

（4）还原好的样品具有较强的活性，所以要小心存放。

七、思考与讨论

（1）催化剂的活性除与其活性组分及载体有关外还与什么有关？

（2）焙烧温度过高或过低对 $Pd/\gamma\text{-}Al_2O_3$ 催化剂有什么影响？

（3）什么称为催化剂？催化剂的作用是什么？

（4）等体积浸渍法制备催化剂时，为什么要准确测定载体的吸水率？为什么要不停搅拌直至黏稠状？

（5）浸渍沉淀法制备催化剂时，为什么要在浸渍结束前用氢氧化钠溶液调节 pH 至碱性？

八、参考文献

黄仲涛. 2003. 工业催化. 北京：化学化工出版社.

吴世华，李保庆，张守民，等. 2002. 溶剂化金属原子浸渍法制备 $Pd\text{-}Cu/\gamma\text{-}Al_2O_3$ 低温 CO 氧化催化剂. 无机化学学报，18（8）：811-815.

实验四十二 水热法合成BiOCl纳米片及光还原二氧化碳测试

一、实验目的

（1）了解 BiOCl 纳米片的合成方法。
（2）了解光催化的基本原理。
（3）掌握二氧化碳还原测试的基本操作。

二、实验原理

光催化合成有机物是一种潜在燃料合成方法。国内外大量研究表明，光催化法能有效地将羟基、卤代有机物、表面活性剂、染料、农药包括污水等污染物降解，最终无机化为二氧化碳和水。因此，光催化技术具有在常温常压下进行、彻底消除有机污染物、无二次污染等优点。

半导体光催化剂有 TiO_2、ZnO、C_3N_4、CdS、WO_3、ZnS、BiOX 等，其中 BiOCl 具有良好的光催化活性，是具有代表性的铋系化合物，值得深入研究。通过实验发现，BiOCl 是一种具有片状结构的半导体材料，它有着独特的晶形结构，理论计算发现，BiOCl 属于间接带隙半导体。光催化还原二氧化碳的实质是光诱导下的氧化还原反应，首先是将二氧化碳吸附在光催化剂的反应位点，然后与光生电子和空穴之间反应转化。所以光催化还原二氧化碳的反应中，只有当光催化剂的禁带宽度小于等于光能时，才能激发分离电子-空穴对。半导体光催化剂，在能量大于等于其禁带宽度的光能照射下，其晶体的电子会受到激发，从价带跃迁到导带，产生自由电子和空穴，并从半导体内部迁移至表面。光生电子具有强还原性，根据还原电势的强弱及电子转移数目的多少，可以催化还原二氧化碳和水反应生成不同种类的碳氢化合物。

三、仪器与试剂

仪器：分析天平、量筒、烧杯、胶头滴管、pH 计、反应釜、烘箱、二氧化碳还原装置、氙灯、磁力搅拌器、气相色谱（带 FID 检测器）等。

试剂：五水硝酸铋、氢氧化钠、氯化钾、去离子水等。

四、实验步骤

（1）称取 1mmol（约 0.485g）五水硝酸铋和 1mmol（约 0.0745g）氯化钾，放入 50mL 烧杯中，加入 15mL 去离子水搅拌溶解。

（2）缓慢滴加 1mol/L 的氢氧化钠溶液，调节 pH = 6，用磁力搅拌器搅拌 30min，待搅拌溶解完成后，倒入 50mL 反应釜中，160℃反应 3h。

（3）3h 后取出反应釜，冷却至室温后将溶液倒入烧杯中，用去离子水洗涤 3～4 次反应釜，洗液倒入烧杯，然后将烧杯置于 60℃烘箱干燥，干燥完毕后，刮下产物放入样品管。

（4）称取 200mg 制备的 BiOCl 样品，滴加 4～5 滴去离子水，放入二氧化碳还原装置中，如图 3-6 所示，充二氧化碳气体，打开光源。按操作规程进行测样，每间隔一小时取一个样，用带有 FID 检测器的气相色谱测试产生有机物的种类和产量。

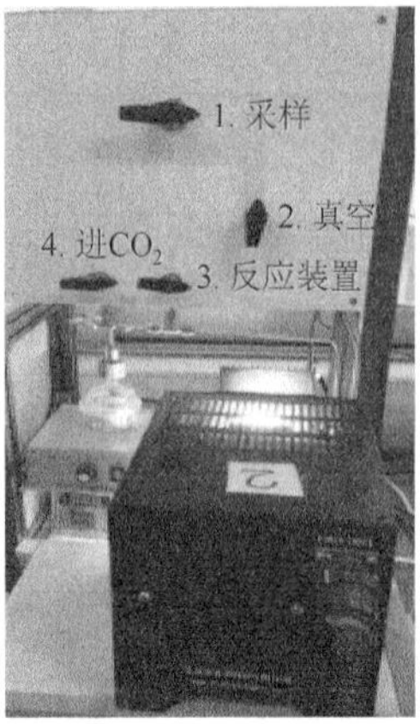

图 3-6　实验装置图

五、实验结果

（1）将反应后收集的 BiOCl 样品进行称量，记录数据。

（2）记录软件中最终得出的峰面积与标准曲线进行比对，求出有机物的产量。

六、注意事项

（1）采样时应将样品室抽空。

（2）一定要保持载气的通畅。

七、思考与讨论

（1）不同 pH 对制备出的 BiOCl 样品有什么样的影响？

（2）水热法合成的优点是什么？

（3）二氧化碳还原实验开始前，抽真空的目的是什么？

八、参考文献

闫世成，罗文俊，李朝升，等. 2010. 新型光催化材料探索和研究进展. 中国材料进展，29（1）：1-9.

实验四十三　脱氢催化剂脱氢性能的测定

一、实验目的

（1）了解在色谱-脉冲微型反应装置上评价催化剂的方法。

（2）掌握色谱-脉冲微型反应装置的操作及了解其结构、原理和脉冲反应的特点。

（3）评价脱氢催化剂的催化活性，做出温度与催化活性的关系图，计算脱氢催化剂的表观活化能。

二、实验原理

1. 色谱-脉冲微型反应装置

色谱分析法具有高效、高灵敏度、快速和易于自动化等特点。当将反应器与色谱仪直接相连时，进样后经过催化反应流出的反应物和产物的分离与分析就可连贯进行。如果催化反应的反应器管径为 2～8mm，长度为 200～250mm，催化剂装填量为几毫克到一克，则该连接系统称为微型反应装置（图 3-7），简称微反。

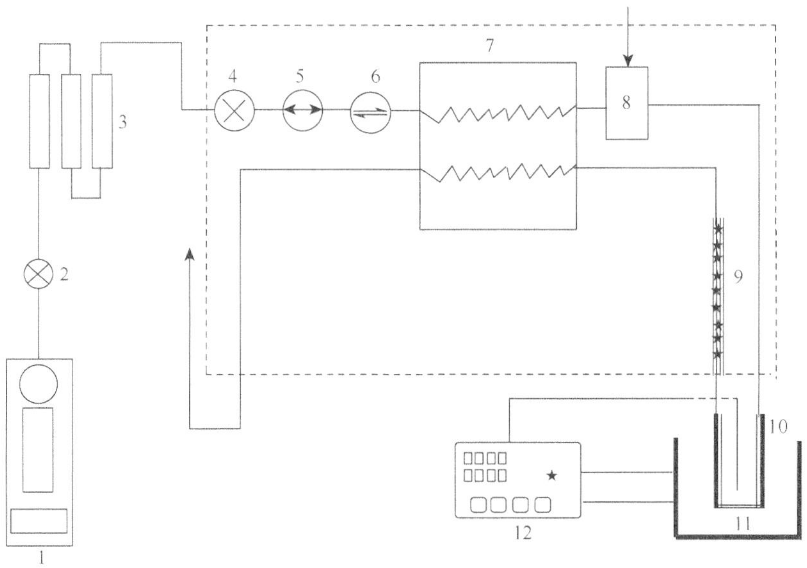

图 3-7　脉冲微型反应装置流程图

1. 氢气发生器；2. 截止阀；3. 净化管；4. 压力表；5. 稳压阀；6. 稳流阀；7. TCD 检测器；8. 气化室；9. 色谱柱；10. 反应管；11. 加热炉；12. 温度控制器

按照反应物进料方式的不同，微型反应装置可分为连续微型反应和脉冲微型反应装置两种。连续微型反应装置的反应物以一定流量稳定地进入反应器，经过一段时间后，催化床层中任一位置上各组分的浓度保持恒定，不随时间而变，组分浓度只是催化床层高度的函数。脉冲微型反应装置的反应物是以脉冲形式输入反应器，反应未来得及稳定，反应物已停止输入，因此反应活性的测定是在非稳定条件下进行的，各组分的浓度既是催化床层高度的函数，又是时间的函数。这使脉冲微型反应的结果往往与连续微型反应的结果不同，有时甚至可能影响到反应机理。另外，还应注意到催化剂可能对反应物和产物有吸附现象，各组分的吸附能力又有不同，而且脉冲微型反应的活性是在非稳态测量的，所以可能出现物料亏损或转化率超过热力学平衡转化率等情况。由于每次脉冲进样量很小，反应时间很短，催化剂表面可以认为接近“新鲜”状态，因而脉冲微型反应装置适合研究催化剂的初活性。

2. 催化剂活性及表观活化能的测定

催化剂活性是指在某一确定条件下所进行的具体反应而言的。严格地说，催化剂活性的大小表现为催化剂存在时反应速率增加的程度。脉冲反应物进入反应器，进行催化反应，气相色谱仪分析流出物各组分。

在脱氢催化剂上，以环己烷脱氢生成苯为探针反应来测定评价催化剂的脱氢性能。

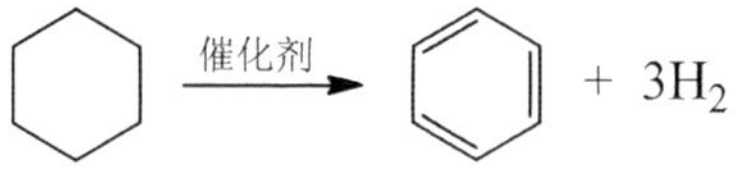

三、仪器与试剂

仪器：色谱-脉冲微型反应装置、程序升温仪。

试剂：脱氢催化剂、环己烷、石英砂等。

四、实验步骤

反应在色谱-脉冲微型反应装置中进行。反应条件：催化剂装填量为0.1～0.2g。临氢状态下氢气流速为30mL/min。程序升温程序为：室温→280℃→290℃→300℃→310℃→320℃→330℃→340℃→350℃→380℃。室温→280℃的升温速率为7℃/min；280℃→380℃的升温速率为2℃/min。催化反应在280℃→380℃过程中进行，在每个反应温度停留5min。产物色谱分析条件：色谱柱为不锈钢充填柱2m，6201担体（60～80目）涂敷15%的角鲨烷固定液。采用热导检测器，柱温80℃，热导检测器和气化器温度为150℃，桥流为150mA。反应物脉冲量0.8μL/次。色谱分析数据处理在色谱工作站上进行。

（1）准确称取 0.1g 左右催化剂，将催化剂装填到 U 形反应器中，并按照图 3-7 安装反应器。

（2）打开高纯氢气发生器电源，关闭截止阀 2，等待氢气发生器工作稳定。氢气发生器压力上升到 0.3～0.4MPa，流量示数从 500mL/min 下降到 0，表明氢气发生器工作即稳定。

（3）打开氢气气路截止阀 2，用肥皂泡检查体系有无漏气。

（4）打开气相色谱仪电源并设置色谱分析条件参数，柱温 60～80℃，进样口（气化室）150℃，检测器 150℃，量程（热导池桥流）150mA。

（5）打开程序温度控制仪电源并设置温度参数。

（6）打开计算机电源进入色谱工作站并设置样品信息及数据处理参数。

（7）待各项参数稳定，进入反应状态，用微量注射器注入反应物，一般每升温 10～20℃进样一次，考察反应温度与催化剂活性的关系。

（8）实验完成后，依此关闭温度控制仪、气相色谱仪、计算机和氢气气路截止阀，最后关闭高纯氢气发生器电源。

五、实验结果

1. 反应转化率计算

$$X = (1 - \text{反应物含量}) \times 100\%$$

2. 脱氢催化剂的表观活化能计算

环己烷脱氢生成苯的反应为一级反应，有巴塞特（Basset）一级动力学方程：

$$k = \left(\frac{P_a \cdot F \cdot N_A}{p \cdot R \cdot T \cdot w}\right) \ln \frac{1}{1-X}$$

$$k = A e^{-\frac{E_a}{RT}}$$

两式联立取对数可得

$$-\ln \ln\left(\frac{1}{1-X}\right) = \frac{E_a}{RT} + C$$

其中，k 为表观速度常数；F 为室温下载气流速；p 为体系压力；P_a 为大气压力；R 为摩尔气体常量；T 为室温，K；w 为催化剂中活性金属的质量；N_A 为阿伏伽德罗常量；X 为环己烷脱氢生成苯的反应转化率。以 $-\ln\ln\left(\frac{1}{1-X}\right)$ 对 $1/T$ 作图得一直线，由其斜率可求算出表观活化能。

六、注意事项

（1）开启程序温度控制仪和色谱仪时，务必先开通气路系统，检查系统是否漏气，确定气体是否安全稳定通过系统，以免仪器烧毁。

（2）注意高温的安全操作。

（3）规范使用色谱仪。

（4）安全使用氢气。

（5）实验完成后，先关闭电源，然后再关闭气路阀门。

七、思考与讨论

（1）按面积归一法计算各组分含量，比较进行了校正与未校正的数值的误差，说明为什么要采用校正因子进行校正。

（2）巴赛特一级动力学方程的推导，讨论假设带来的误差。

（3）讨论若该催化剂用于苯加氢将出现什么结果。

八、参考文献

蔡卫权，陈进富. 2002. 工业重整催化剂在低温下的环己烷脱氢性能. 郧阳师范高等专科学校学报，22（3）：59-62.

刘伟成，刘昌其. 1996. 环己烷在不同催化剂上脱氢的动力学参数. 化学研究与应用，（4）：515-519.

王锋，杨运泉，王威燕. 2012. Ni-Pt/γ-Al_2O_3催化剂用于甲基环己烷催化脱氢的研究. 燃料化学学报，40（9）：1128-1134.

武致，罗来涛，邓庚凤，等. 2001. 海泡石-Al_2O_3混合载体对铂催化剂环己烷脱氢反应的影响. 工业催化，11（6）：45-48.

实验四十四　油脂氢化催化剂的制备

一、实验目的

（1）熟悉用沉淀法制备油脂氢化催化剂的操作。

（2）了解沉淀反应的反应原理。

二、实验原理

油脂氢化催化剂（hydrogenizing catalyst）通常是固体催化剂。制备固体催化剂一般有两种方法，即沉淀法和浸渍法。金属镍是最常用的油脂氢化催化剂。本实验采用沉淀法，使用硫酸镍，以碳酸钠作沉淀剂经氢气还原后制取金属镍。化学反应式如下：

$$3NiSO_4 + 3Na_2CO_3 + 2H_2O \xrightarrow{>80℃} NiCO_3 \cdot 2Ni(OH)_2\downarrow + 2CO_2\uparrow + 3Na_2SO_4$$

$$2NiSO_4 + 2Na_2CO_3 + H_2O \xrightarrow{<80℃} NiCO_3 \cdot Ni(OH)_2\downarrow + CO_2\uparrow + 2Na_2SO_4$$

$$Ni(OH)_2 + H_2 \xrightarrow{450℃} Ni + 2H_2O$$

还原得到的金属镍具有很高的活性，必须隔氧保存。

三、仪器与试剂

仪器：磁力搅拌器、烧杯（10mL、500mL）、容量瓶（1000mL）、滴液漏斗（100mL）、抽滤瓶（500mL）、滤纸、电热干燥箱、温度计（100℃、500℃）、研钵、还原玻璃管、管式炉、氢气瓶、箱式电炉、托盘天平、分析天平、移液管（25mL）、布氏漏斗、玻璃水泵等。

试剂：硫酸镍、碳酸钠、硅藻土、柠檬酸（分析纯）、氨水（分析纯）、铬黑 T、EDTA、氨水-氯化铵缓冲溶液、氯化锌、硬化油、去离子水等。

四、实验步骤

1. 催化剂的制备

（1）准确称取 2.00mg 经 100℃烘干的硅藻土于 500mL 烧杯中，加入 100mL 0.2mol/L 的硫酸镍溶液，置于磁力搅拌器上加热至 50℃。

（2）向滴液漏斗中加入 60mL 0.5mol/L 的碳酸钠溶液。

（3）开动磁力搅拌器（速度适当），同时向烧杯中逐滴加入碳酸钠溶液，加完后继续搅拌 30min。

（4）将上述反应液倒入布氏漏斗中抽滤，然后用 50mL 去离子水洗涤沉淀，将滤液定容于 1000mL 容量瓶中待用。

（5）滤饼于 120℃下烘干 2h 后，在箱式电炉中于 350℃下焙烧 2h。

（6）在研钵中研细焙烧体，并取少量于还原玻璃管中，在 450℃下通氢气还原，氢气流量为 40mL/min。

2. 滤液中镍含量的测定

测催化剂活性时，由于加入催化剂的质量是按镍量计算的，所以要测出滤液中所含镍量（即损失量），以求出载体上负载的镍量。

用 25mL 移液管吸取滤液 25.00mL 于 250mL 的锥形瓶中，加入 10mL（1∶20）柠檬酸溶液、20mL 去离子水、25.00mL 0.02mol/L EDTA 标准溶液。用 1∶1 氨水调 pH 为 7～8，再加 5mL 氨水-氯化铵缓冲溶液，铬黑 T 少许，然后用 0.02mol/L 的标准氯化锌溶液滴定至溶液由蓝变紫即为终点。记下氯化锌标准溶液的消耗量。

$$\text{溶液中的镍含量} = \frac{(25.00c_{\text{EDTA}} - V_{\text{ZnCl}_2} \cdot c_{\text{ZnCl}_2}) \times 58.69 \times 1000}{1000} = (25.00c_{\text{EDTA}} - V_{\text{ZnCl}_2} \cdot c_{\text{ZnCl}_2}) \times 58.69$$

五、实验结果

催化剂中镍含量的计算：根据制备中损失的镍量，即可计算还原后经硬化油保护的催化剂中镍的百分含量。

六、注意事项

（1）注意氢气瓶的安全使用方法。

（2）要防止镍氧化，可将其保护于硬化油中。方法为：在 10mL 的小烧杯中放入一个小的磁力搅拌棒，然后向烧杯中加入用分析天平准确称量的 1.0000g 硬化油，在磁力搅拌器上熔化，取出还原后的催化剂迅速倒入硬化油中，搅拌至再凝固，称量烧杯，算出催化剂的量。

七、思考与讨论

（1）沉淀剂为什么要逐滴加入硫酸镍和硅藻土混合液中？

（2）还原后的催化剂为什么要迅速放入硬化油中保护？

八、参考文献

胡涛，周伟，金叶玲，等. 2015. 镍基催化剂在食用油脂氢化中性能研究. 粮食与油脂，18（4）：22-24.

王海. 2004. Ni 催化剂在油脂加氢中的研究. 上海：华东理工大学.

实验四十五　二氧化硅负载金属镍催化剂的制备

一、实验目的

（1）了解催化剂制备的常用方法。

（2）掌握浸渍法制备负载型催化剂的基本原理和方法，并采用干式浸渍法制备 Ni/SiO_2 催化剂。

二、实验原理

在催化剂参与下进行的化学反应称为催化反应。催化剂改变化学反应速率而不影响化学平衡的作用称为催化作用，它本质上是一种化学作用。催化是自然界中普遍存在的重要现象，催化作用几乎遍及化学反应的整个领域。现代化学工业的生产有 80%以上采用催化过程，可以说化学工业的发展在很大程度上是依赖于催化剂的开发。

在催化剂工业中大量生产的是固体催化剂。这些催化剂不仅要求具有一定化学组成和杂质限度，还要求具有一定形状、颗粒大小、强度、比表面积和孔径等，以保证一定的催化活性、选择性和使用寿命。

浸渍法是一种常见的氧化物基催化剂制备方法，所获得材料的催化性能不仅与催化剂的组成有关，而且与制备过程中溶液浓度、pH 及后处理等密切相关。

浸渍方法可分为浸入式浸渍和干式浸渍。前一种方法是将载体浸入金属盐（硝酸盐、乙酸盐、氯化物、乳酸盐等）的浓溶液，排掉多余液体后，催化剂在热空气中处理以蒸发溶液并分解金属盐；后一种方法是让载体吸收相当于其孔体积的金属盐溶液，再经烘干、分解。

三、仪器与试剂

仪器：电子天平、坩埚、小烧杯、玻璃棒、带刻度移液管、红外灯、烘箱、马弗炉等。

试剂：硅胶（40～60 目）、$Ni(NO_3)_2$ 水溶液、去离子水等。

四、实验步骤

10%（质量分数）Ni/SiO_2 催化剂制备的实验步骤如下。

（1）用电子天平称取 5.0g 硅胶（40～60 目）于小烧杯中，加适量去离子水，使水的液面与固体界面等高，记录加水的体积。

（2）取适量的 1.500mol/L $Ni(NO_3)_2$ 水溶液于小烧杯中，加水稀释至所需总体积。称取 5.0g 经烘干处理过的硅胶，将硅胶快速倒入装有稀释后的 $Ni(NO_3)_2$ 水溶液的烧杯中，并适当搅拌。

（3）20min 后将上述样品放在红外灯下烘烤至干，然后再在烘箱中于 120℃干燥 2h，再转入坩埚于马弗炉中 600℃灼烧 4h 即得催化剂。

五、实验结果

计算制备 10%（质量分数）Ni/SiO_2 催化剂需取多少毫升 1.500mol/L $Ni(NO_3)_2$ 水溶液，需加多少毫升的水进行稀释。

六、注意事项

因样品灼烧过程有 NO_x 气体产生，马弗炉应放在通风橱中。

七、思考与讨论

采用干式浸渍法制备负载型催化剂，若浸渍溶液的体积与载体的孔容积相差太大，对所制备的催化剂有哪些影响？

八、参考文献

闵恩泽. 1997. 工业催化剂的研制与开发——我的实践与探索. 北京：中国石化出版社.

潘履让. 1993. 固体催化剂的设计与制备. 天津：南开大学出版社.

王尊本. 2003. 综合化学实验. 北京：科学出版社.

浙江大学，等. 2003. 综合化学实验. 北京：高等教育出版社.

实验四十六　二氧化硅负载金属镍催化剂的性能评价

一、实验目的

（1）掌握催化剂性能评价的基本原理和方法。

（2）熟悉有关实验装置。

（3）掌握气相色谱仪的工作原理和基本操作方法，考察 Ni/SiO_2 催化剂上甲烷部分氧化制合成气的反应性能，并采用修正面积归一化法计算原料气的组成、反应的转化率和选择性。

二、实验原理

催化剂性能评价的内容包括活性、选择性和使用寿命三个因素。催化活性是在实验条件下催化剂促进反应物转化的速率和深度的量度，是衡量催化剂性能的一个非常重要的指标。但是因准确求出反应速率比较困难，在实际工作中，人们只需要在相同的实验条件下比较催化剂的效能，因此往往用反应物的转化率来表示催化剂的活性。以反应 $\nu_a A = \nu_p P + \nu_q Q$ 为例，反应物 A 的转化率（x_A）可表示为

$$x_A = \frac{n_A^0 - n_A}{n_A^0} \times 100\%$$

其中，n_A^0 为 A 的起始物质的量；n_A 为未发生反应的 A 的物质的量。显然转化率只与反应物有关。除转化率外，催化剂的活性还可用生成目的产物 P 的单程产率（y_P）或时空产率（$y_{t,s}$）来表示。y_P 和 $y_{t,s}$ 的定义分别为

$$y_P = \frac{\nu_a n_P}{\nu_P n_A^0} \times 100\%$$

$$y_{t,s} = \frac{m_P}{t_{V_c}}$$

其中，n_P 为目的产物 P 的物质的量；m_P 为目的产物 P 的质量；t 为反应时间；V_c 为催化剂的体积。

选择性（S_P）是借助催化剂达到所期望的转化（生成目的产物）效率的真实度，其定义为

$$S_P = \frac{\nu_a n_P}{\nu_P (n_A^0 - n_A)} \times 100\%$$

寿命指的是催化剂达到指定最小活性所需的时间。催化剂寿命分为单程寿命（与反应物接触到必需活化再生的时间）和总寿命（从开始使用到无法再生的时间）。

三、仪器与试剂

仪器：催化剂性能评价装置（自装，见图 3-8）、气相色谱仪、色谱工作站、程序控温仪等。

试剂：CH_4（纯度>99.5%）、O_2（纯度>99.5%）、CH_4与O_2混合气（2∶1，体积比）、H_2（纯度>99.5%）、CO（纯度>99.5%）、CO_2（纯度>99.5%）、Ar（纯度>99.995%）、601 碳分子筛等。

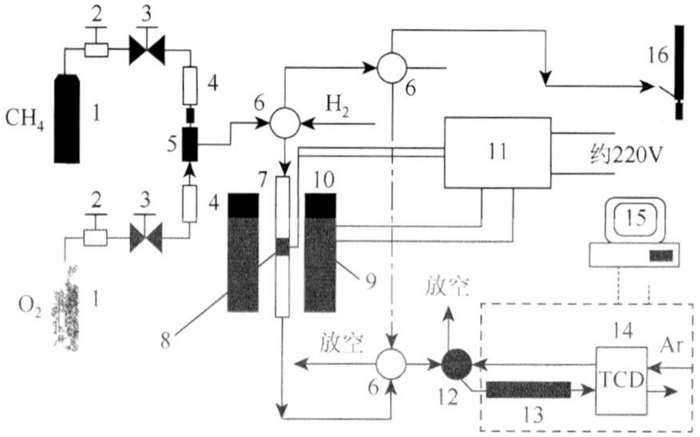

图 3-8　催化剂性能评价装置流程图

1. 气体钢瓶；2. 稳压阀；3. 稳流阀；4. 流量计；5. 三通阀；6. 四通阀；7. 固定床石英微型反应器；8. 催化剂；9. 电炉；10. 控温热电偶；11. 程序控温仪；12. 六通采样阀；13. 色谱柱；14. 热导检测器；15. 色谱数据采集、处理系统；16. 皂膜流速计

四、实验步骤

（1）打开气相色谱仪载气（Ar），将流速调至 30mL/min。开启气相色谱仪电源开关，设置柱温：80～90℃，气化室温度：100℃，热导池温度：60℃，桥流：65mA。本实验以热导检测器检测原料气和反应尾气，以 601 碳分子筛柱（1.5m）分离H_2、O_2、CO、CH_4和CO_2等组分。

（2）量取 10%（质量分数）Ni/SiO_2催化剂 0.10mL 置于内径为 5～6mm 的固定床石英微型反应器中。控温热电偶（镍铬-镍铝）固定于反应管外侧，其测温端紧贴催化床层的前半部分。

（3）催化剂在H_2气流（约 30mL/min）中升温（约 40℃/min）至 800℃，在 800℃下还原 30min 后将催化剂恒温于反应温度（750～850℃）。

（4）将CH_4与O_2混合气（空速为 36000h^{-1}）加入固定床石英微型反应器，反应开始 3～5min 后定时采样分析反应尾气。

五、实验结果

采用修正面积归一化方法计算原料气组成、CH_4转化率及生成H_2和 CO 的选择性，具体计算公式如下：

CH_4 转化率（x_{CH_4}）

$$x_{CH_4}=\frac{A_{CO}F_{CO}+A_{CO_2}F_{CO_2}}{A_{CH_4}F_{CH_4}+A_{CO}F_{CO}+A_{CO_2}F_{CO_2}}\times 100\%$$

H_2 选择性（S_{H_2}）

$$S_{H_2}=\frac{A_{H_2}F_{H_2}}{2(A_{CO}F_{CO}+A_{CO_2}F_{CO_2})}\times 100\%$$

CO 选择性（S_{CO}）

$$S_{CO}=\frac{A_{CO}F_{CO}}{A_{CO}F_{CO}+A_{CO_2}F_{CO_2}}\times 100\%$$

其中，A_i 为反应尾气中各组分的色谱峰面积；F_i 为以 Ar 为载气时各组分的相对摩尔校正因子。F_i 的自测参考值为：$F_{H_2}=0.9961$，$F_{CO}=13.65$，$F_{CH_4}=3.901$，$F_{CO_2}=12.87$。实验者也可在各自的实验装置上用标准气自行测定各组分的 F_i 值。

六、注意事项

（1）启动气相色谱仪前应先通载气，关闭载气前需将热导检测器桥流设置为零。本实验以 Ar 为载气，故热导池温度和桥流不宜太高，以免损坏热导检测器。

（2）本实验的反应气和尾气均为易燃、易爆或有毒气体，应注意实验装置的检漏，尾气应排入通风橱或室外。

（3）反应炉通电前注意检查热电偶是否按要求接好并正确放置。

七、思考与讨论

（1）什么情况下可采用修正面积归一化方法计算混合物中各组分含量？

（2）本实验采用修正面积归一化方法计算 CH_4 部分氧化制合成气反应的 CH_4 转化率和生成 H_2、CO 的选择性，可能的误差来自哪里？

八、参考文献

闵恩泽. 1997. 工业催化剂的研制与开发——我的实践与探索. 北京：中国石化出版社.

潘履让. 1993. 固体催化剂的设计与制备. 天津：南开大学出版社.

王尊本. 2003. 综合化学实验. 北京：科学出版社.

浙江大学，等. 2003. 综合化学实验. 北京：高等教育出版社.

实验四十七　TiO_2光催化剂的制备和降解有机污染物的性能

一、实验目的

（1）了解纳米材料制备的一般原理及光催化降解典型有机污染物的原理。

（2）熟悉实验设计和数据处理方法。

（3）掌握纳米材料的结构表征方法。

（4）掌握光催化降解典型有机污染物的操作过程和催化性能的评价方法。

（5）综合训练有关实验的基本操作技能。

二、实验原理

随着工业的飞速发展和城市人口的快速增加，环境污染日益严重，特别是人类赖以生存的水资源正遭受日益严重的污染，这给人类的健康和生活带来了潜在的威胁，直接制约了社会的可持续发展。如何减少污染，保护生态平衡，成为需要迫切解决的问题。在水污染的净化处理过程中，对于有机污染物采用常规的吸附法和气提法等只能治“标”，而不治“本”（完全降解污染物）。而利用光催化降解有机污染物可将其完全矿化成 H_2O 和 CO_2，无二次污染（标本兼治），是一种具有广阔应用前景的绿色环境治理技术。

纳米 TiO_2 是目前应用最广泛的一种纳米材料，表面的电子结构及晶体结构发生了与块状形态不同的变化，导致其具有特殊的表面与界面效应、小尺寸效应、量子尺寸效应及宏观量子隧道效应等特性，因而具有一系列优异的物理化学性质，使其在很多方面得到广泛的应用。在环境领域，纳米 TiO_2 具有生物无毒性、光催化活性高、无二次污染等特点，使其成为新兴的环保材料。在大于其带隙能的光照条件下，TiO_2 光催化剂不仅能降解环境中的有机污染物生成 CO_2 和 H_2O，而且可氧化除去大气中低浓度的氮氧化物（NO_x）和含硫化合物（H_2S、SO_2）等有毒气体。目前，纳米 TiO_2 作为光催化剂已得到广泛的研究和应用。

本实验采用共沉淀法制备纳米 TiO_2，对其进行结构表征，并测定其光催化性能对罗丹明 B 的降解率。

如图 3-9 所示，当光子能量高于半导体带隙能（如 TiO_2，其带隙能为 3.2eV）的光照射半导体时，半导体的价带电子发生带间跃迁，即从价带跃迁到导带，从而使导带产生高活性的电子（e^-），而价带上则生成带正电荷的空穴（h^+），形成氧化还原体系。光生电子被吸附在催化剂表面的溶解氧俘获产生强氧化性的超氧负离子（O_2^-），而空穴与吸附在催化剂表面的羟基（水）作用产生具有高活性的

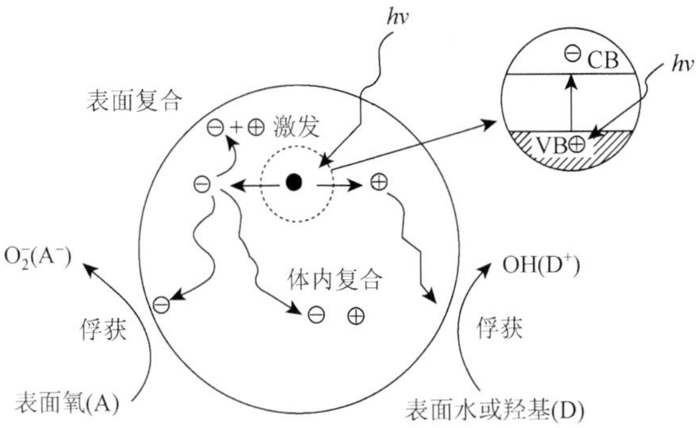

图 3-9　光催化原理示意图

羟基自由基（·OH）。而 O_2^-（也能转化为·OH）和·OH 具有很强的氧化性，可以氧化难降解的有机物。

三、仪器与试剂

仪器：恒温磁力搅拌器、电热恒温干燥箱、马弗炉、真空抽滤泵、X 射线衍射仪（XRD）、紫外-可见（UV-Vis）漫反射仪，光源（氙灯）、紫外-可见分光光度计、玻璃反应器等。

试剂：硫酸钛、乙醇、罗丹明 B、硝酸、氢氧化钠、去离子水等。

四、实验步骤

1. 纳米 TiO_2 的制备

用 15.0g 硫酸钛溶解在 50mL 去离子水中制得硫酸钛溶液。电磁搅拌下用 2mol/L 氢氧化钠溶液调节 pH 至 7 左右，真空抽滤，并用去离子水洗涤直至无硫酸根离子（用 0.1mol/L 氯化钡溶液检测），所得产物在 120℃下干燥，研磨后置于马弗炉中升温至 500℃焙烧 2h，得到白色 TiO_2 粉末。其化学反应方程式如下：

$$Ti(SO_4)_2 + 4NaOH \longrightarrow TiO_2 + 2Na_2SO_4 + 2H_2O$$

2. 纳米 TiO_2 的表征

（1）使用 XRD 测定样品的结构和物相。

（2）使用 UV-Vis 漫反射仪测定样品的光学吸收特征。

3. 纳米 TiO_2 光催化活性的测试

如图 3-10 所示，在紫外光照射条件下，用合成的纳米 TiO_2 光催化剂来降解水溶液中罗丹明 B 染料，通过染料浓度随光催化反应时间的降低速率来评价催化剂的光催化性能。

图 3-10 光催化实验装置

（1）空白实验。在没有 TiO_2 光催化剂存在、紫外灯照射的条件下，测试 200mL 浓度为 0.01g/L 的罗丹明 B 溶液的吸光度随照射时间的变化。

（2）纳米 TiO_2 光催化活性。称取 0.2000g 催化剂放入浓度为 0.01g/L 的罗丹明 B 溶液中，在紫外灯照射下，反应开始后每 15min 从容器中取出 5mL 反应液，转移至 10mL 离心试管中进行离心分离，取上层清液，利用紫外-可见分光光度计测定 554nm 处的吸光度值，测试罗丹明 B 溶液的吸光度随照射时间的变化。

五、实验结果

（1）根据表 3-1 实验数据做出罗丹明 B 降解率-反应时间曲线。

表 3-1 不同反应时间的吸光度

样品	时间/min				
	0	15	30	45	60
无催化剂					
TiO_2					

（2）根据 XRD 测试数据，绘出 TiO_2 样品的 XRD 谱图。

（3）根据 UV-Vis 漫反射仪测试数据，绘出 TiO_2 样品的 UV-Vis 漫反射吸收谱图。

（4）根据罗丹明B降解率-反应时间曲线，计算1h光照后罗丹明B的降解率。

（5）根据TiO_2样品的XRD谱图，确定TiO_2的物相。

（6）根据UV-Vis漫反射仪测定的光学吸收谱图，计算催化剂的禁带宽度。

六、注意事项

（1）紫外灯对人眼有强烈的刺激作用，应注意避免长时间直接照射。同时紫外灯应预热10min左右，使光强度稳定。打开风扇，保持室内通风。

（2）加入TiO_2后，应磁力搅拌20min使罗丹明B在催化剂上吸附达到饱和。

七、思考与讨论

（1）TiO_2有几种晶形？如何确定晶形？

（2）如何计算TiO_2的禁带宽度？

（3）如何计算罗丹明B的降解率？

（4）影响TiO_2光催化降解污染物活性的主要因素有哪些？

八、参考文献

高濂，郑珊，张青红. 2003. 纳米氧化钛光催化材料及应用. 北京：化学工业出版社.

张金龙. 2004. 光催化. 上海：华东理工大学出版社.

Fujishima A，Rao T N，Tryk D A. 2000. Titanium dioxide photocatalysis. Journal of Photochemistry and Photobiology C：Photochemistry Reviews，1：1-21.

Hashimoto K，Irie H，Fujishima A. 2005. TiO_2 photocatalysis：A historical overview and future prospects. Japanese Journal of Applied Physics，44（12）：8269-8285.

实验四十八　类石墨相氮化碳的制备及太阳能驱动制氢实验

一、实验目的

（1）掌握类石墨相氮化碳的制备方法。

（2）掌握光催化制氢的基本原理。

（3）了解太阳能驱动制氢实验的基本实验操作。

二、实验原理

在过去几十年中，由于化石燃料的消耗，能源需求和环境问题日益增加的挑战使人们越来越意识到太阳能直接转换为能源燃料和化学能源是未来解决能源和环境危机的绿色可持续途径之一。除太阳能作为驱动力之外，光催化需要适当的半导体进行大量的催化反应，如水解产生氢气，二氧化碳还原成碳氢化合物燃料，降解有机污染物等。半导体光催化剂（如传统的 TiO_2）仍然是满足可见光应用要求的瓶颈。因此，应寻找坚固的可见光活性半导体光催化剂，作为下一代光催化剂的聚合物半导体，即类石墨相氮化碳（g-C_3N_4）。由于其易合成，具有吸引力的电子能带结构，物理化学稳定性高，g-C_3N_4 很容易用含有丰富的富氮前体如三聚氰胺、双氰胺、氰胺、脲和硫脲等通过热聚合方法制备。1993 年，王心晨等首先报道了 g-C_3N_4 作为无金属共轭半导体光催化剂用于光催化制氢。与 TiO_2 相比，因 g-C_3N_4 中等带隙为 2.7～2.8eV，导致 450～460nm 附近出现可见光吸收。作为所有 C_3N_4 结构中最稳定的同素异形体，g-C_3N_4 在 600℃的空气中可保持热稳定，这可以通过热重分析（TGA）来证明，可以归因于芳香碳氮杂环化合物。除此之外，g-C_3N_4 也是化学稳定的，不溶于酸、碱或有机物。因此，它被认为是一种很有前景的无金属半导体光催化剂，可以为光催化应用提供巨大的变化。

半导体光催化制氢反应的基本过程：半导体吸收能量等于或大于禁带宽度的光子，将发生电子由价带向导带的跃迁，这种光吸收称为本征吸收。本征吸收在价带生成空穴，在导带生成电子，这种光生电子-空穴对具有很强的还原和氧化活性。光催化反应包括光生电子还原电子受体和光生空穴氧化电子给体的电子转移反应，这两个反应分别称为光催化还原和光催化氧化。根据激发态的电子转移反应的热力学限制，光催化还原反应要求导带电势比受体的电势（H^+/H_2）偏负，光催化氧化反应要求价带电势比给体的电势（H_2O/O_2）偏正。换句话说，导带底能级要比受体的电势（H^+/H_2）能级高，价带顶能级要比给体的电势（H_2O/O_2）能级低。在实际反应过程中，由于半导体能带弯曲及表面过电势等因素的影响，对禁带宽度的要求往往要比理论值大。也就是说，能够实现完全分解水得到氢气和氧气光催化材料的带隙必须大于 1.23eV，并且导带和价带的位置相对氢标准电极电势的位置合适。

三、仪器与试剂

仪器：分析天平、量筒、烧杯、坩埚、研钵、马弗炉、氙灯、制氢架、真空泵、低温冷却循环泵、磁力搅拌器、气相色谱仪等。

试剂：三聚氰胺、三乙醇胺、去离子水等。

四、实验步骤

（1）g-C_3N_4 的制备。称取三聚氰胺 4g 放入坩埚中，马弗炉 550℃下焙烧 4h，升温速率为 5℃/min，待回到室温后收集样品，用研钵磨碎，称量装袋。

（2）光催化制氢的基本实验操作。称取上述制备的 g-C_3N_4 100mg 至带有磁力搅拌器的烧杯中，加入 10%（体积分数）三乙醇胺溶液与去离子水使溶液总体积为 300mL 并开始搅拌。待制氢架抽真空排除空气干扰后，开启低温冷却循环泵，然后打开氙灯照射。1h 后关灯，产生的氢气气体在以氩气为载气的条件下进入气相色谱仪，进行氢气含量的检测。

五、实验结果

计算产生的氢气含量。

六、注意事项

（1）抽真空时，直到溶液中没有气泡后才可以开始光照。

（2）气相色谱仪开机及关机时要保证有载气的通入。

（3）实验过程中磁力搅拌器需要一直运行。

（4）准确记录实验时间。

七、思考与讨论

（1）尝试循环实验，探索催化剂的稳定性。

（2）比较 g-C_3N_4 催化剂在可见光与全光谱条件下的产氢量。

（3）查找其他制备 g-C_3N_4 的方法，以及其前驱体的选择。

八、参考文献

Wang X，Maeda K，Thomas A，et al. 2009. A metal-free polymeric photocatalyst for hydrogen production from water under visible light. Nature Materials，8（1）：76-80.

Wenderich K，Mul G. 2016. Methods，mechanism，and applications of photo-deposition in photocatalysis：A review. Chemical Reviews，116（23）：14587-14619.

第四章　稀土类化学综合实验

实验四十九　稀土配合物荧光材料的合成及荧光性能

一、实验目的

（1）掌握稀土配合物荧光材料的合成方法。

（2）掌握稀土配合物荧光材料的荧光性能测试方法。

（3）了解混合溶剂和非水溶剂的合成方法。

二、实验原理

荧光防伪纤维又称为安全纤维，最主要的用途是制造荧光防伪纸。荧光防伪纸广泛用于各种信用文件，如银行票据、支票、纸币、股票、邮票、身份证、护照和信用卡等[1, 2]。目前我国荧光防伪纤维大部分依靠进口，现有技术制造的荧光纤维，由具有缩聚活性和高荧光强度的稀土配合物单体嵌入聚合物的分子链，达到荧光配合物与纤维处于分子水平混合是制备方法之一。

在稀土元素中，Eu、Tb 离子作为激活剂掺杂到各种基质中的研究比较多。基质一般是一些不发光的物质，如碱金属，碱土金属的卤化物，碱土金属的铝酸盐、磷酸盐，碱金属与稀土形成的复合氟化物及稀土硼酸盐等。通过掺杂 Eu、Tb 离子，也就是把 Eu、Tb 作为激活剂掺于基质中，从而使体系得到发光的效果。Eu 具有 + 3 和 + 2 两种价态，+ 3 是它的正常价态；而 Tb 通常为 + 3 价。根据洪德规则，处于全空、全满或半满状态的离子比较稳定，因此 Eu^{3+}可以被还原成 Eu^{2+}。一般情况下，以 Eu^{3+}为激活剂的发光材料，在受激发条件下发出红光，但是，有部分 Eu^{2+}也能发出红光，如 CaS∶Eu 中的 Eu^{2+}便是一例，而 Tb 通常发绿光。

芳香羧酸与稀土配位可有效地传递能量，是优良的配体，有关这方面的研究已有 Eu 或 Tb 与水杨酸、磺基水杨酸、苯甲酸、邻苯二甲酸、苯基苯甲酸、邻氨基苯甲酸。此外还有丙烯酸、乙酰丙酮及中性配体（邻菲咯啉或联吡啶）等，以及 Eu 或 Tb 与它们相互组成的三元、四元配合物，都是较好的发光配合物。

Eu^{3+}的基态为 $^7F_0$，激发态为 $^5D_0$ 和 $^5D_1$，由 $^5D_0$ 和 $^5D_1$ 跃迁到 ^7F_J（$J = 0 \sim 5$）发出各种波长的光，这种跃迁为 f-f 跃迁，受晶体场影响较小，发射光谱为线状光谱，发射颜色与Eu^{3+}在晶格中所处的位置有关。若Eu^{3+}占据对称中心位置，则在橙区$^5D_0$～$^7F_1$（大约相当于593nm）产生发射。若Eu^{3+}未占据对称中心位置，则在红区$^5D_0$～$^7F_2$（大约相当于618nm和红外区$^5D_0$～$^7F_4$）产生发射。

以Tb^{3+}为激发元素合成的材料受紫外光激发，发光材料的4个发射峰为Tb离子发光的典型发射峰，位于491.8nm、547.8nm、587.6nm和623.6nm，归属于$^5D_4 \rightarrow {}^7F_6$、$^5D_4 \rightarrow {}^7F_5$、$^5D_4 \rightarrow {}^7F_4$和$^5D_4 \rightarrow {}^7F_3$跃迁，其中491.8nm和547.8nm处的峰较强，547.8nm处的峰最强，在紫外光激发下能发出绿光，具有高的荧光强度。

配合物的合成有三种方式：以水为介质、混合溶液为介质和非水溶液为介质。主要根据配体的配位原子的配位能力，各类配位原子的配位能力的顺序为：O＞N＞S。

稀土配合物的配位数一般为6～12，根据稀土原子的半径大小，配位体的体积、空间结构情况及配位原子配位能力大小形成不同配位数的配合物，最常见的配位数为6～9。如果配位体不足，介质也参与配位。

稀土离子的电子能级可与O—H振子的高能振动能态耦合，而产生有效的非辐射跃迁去活，配位水的存在明显地猝灭了配合物的荧光强度，因此，强配位体可以在水溶液中合成，弱配位体只能在非水溶液中合成，而中等配位体则在混合溶液中合成。有报道称，随着合成介质直链醇碳链长度的增加，所得配合物的荧光强度逐渐减弱，即配合物的荧光强度大小顺序为：甲醇＞乙醇＞正丙醇＞正丁醇。

本实验主要采用混合溶液为介质，同学们可以在中心离子稀土、配位体和介质三个合成条件上进行选择，也可选择不同多元配合物进行实验。

三、仪器与试剂

仪器：烧杯、磁力搅拌器、电子天平、紫外灯、荧光分析仪、红外吸收仪、热分析仪、激光粒度分析仪等。

试剂：95%乙醇溶液、95%甲醇溶液、荧光级氧化铽（99.99%）和氧化铕（99.99%）（或0.4mol/L铽、铕的硝酸盐或氯化物）、浓盐酸、过氧化氢、邻苯二甲酸、水杨酸、磺基水杨酸、苯甲酸、邻苯二甲酸氢钾（KHL）、邻菲咯啉或联吡啶等。

四、实验步骤

以95%乙醇溶液为介质，邻苯二甲酸氢钾为配体，以浓盐酸为溶解酸，以稀土铽为中心离子合成为例说明实验步骤。

1. 氯化稀土制备

准确称取0.374g（2mmol）棕色氧化铽粉末，置于100mL的烧杯中，加入1∶1

优质纯盐酸 10～15mL 和质量分数为 10%过氧化氢溶液 1mL，加热溶解为透明绿色溶液。水浴赶酸，将溶液蒸至近干，以除去过量的盐酸，可采用多次赶酸直到溶液 pH 为 4～5 时。冷却结晶得到含结晶水的氯化稀土 $TbCl_3 \cdot 6H_2O$（2mmol），加 95%乙醇溶液 8～10mL 使其溶解，配制三氯化铽-乙醇溶液。

也可直接用高纯稀土分离产品铽、铕的氯化物或硝酸盐的溶液。

2. 稀土配合物的合成（以邻苯二甲酸氢钾作为配体为例）

按稀土与邻苯二甲酸氢钾摩尔比为 1∶3 称取邻苯二甲酸氢钾 6mmoL 于 100～150mL 的干净烧杯中，加入 20mL 95%乙醇溶液使其完全溶解，在磁力搅拌下向邻苯二甲酸氢钾溶液中不断滴加三氯化铽-乙醇溶液（5～10min），继续磁力搅拌反应 40～60min。按邻苯二甲酸氢钾与氢氧化钠的摩尔比约为 1∶1，在搅拌下慢慢滴加氢氧化钠溶液（20%～30%），并最终以 pH = 6.7～7.0（此时广泛 pH 黄色带绿色）为止。在滴加过程中不断有白色沉淀产生，滴加完毕后，在搅拌下继续反应 60～80min。反应结束后，在室温下静置 1～2h（视实验时间而定）陈化，抽滤，用 20mL 的 95%乙醇溶液洗涤 3～4 次，直至用硝酸银检测无氯离子（视情况），于 80℃烘干至恒量（或红外灯干燥），得白色固体，称量。

3. 荧光材料性能的测试

（1）合成样品在紫外灯下照射，初步观察荧光颜色和相对强度。

（2）在测试仪器允许的情况下，用荧光分析仪检测配合物的激发光谱和发射光谱；用红外吸收仪检测配合物的配位情况；用热分析仪检测配合物的热稳定性以及用激光粒度分析仪测配合物的粒度分布情况。

五、实验结果

（1）计算产品质量。

（2）理论产量：以实验步骤为例，$Tb^{3+} + 3HL^- = [TbL_3]^{3-} + 3H^+$，计算理论产量。

（3）计算产率。

（4）针对实验产率、发光强度等结果进行讨论。

六、注意事项

氯化稀土制备步骤中的水浴赶酸，多次加水赶酸，但不能蒸干，否则加水时稀土又会水解；稀土配合物合成中用氢氧化钠溶液调 pH 不能低于 6.5，否则配合物产率低，也不能高于 7.2，否则稀土会生成氢氧化稀土沉淀。

七、思考与讨论

（1）用酸溶解高价态的稀土时为什么要加过氧化氢溶液？溶解稀土后为什么要赶酸？

（2）稀土配合物沉淀为什么用乙醇溶液洗涤多次？不洗有什么影响？

（3）为什么稀土配合物有的沉淀好过滤，有的难过滤？你的沉淀过滤性能如何？

八、参考文献

崔丹，蔡伟民，姜坤. 2006. 合成介质对稀土铽邻苯二甲酸有机配合物荧光强度的影响. 高等学校化学学报，27（9）：1721-1724.

崔丹，姜坤，蔡伟民. 2006. 对苯基苯甲酸铽三元配合物荧光性质研究. 哈尔滨工业大学学报，38（1）：41-43.

吴义炳，孙卓，阮凯斌，等. 2014. $Ca_{0.88}TiO_3$：$0.12Eu^{3+}$红色荧光粉的结构与发光性能. 发光学报，35（8）：932-937.

张春峰，白玉琴，宋丽红. 2009. YF_3：Tb 绿色荧光粉的制备及光谱特性研究. 长春理工大学学报（自然科学版），32（2）：323-325.

周新木，谈宏宇，赵光好，等. 2006. 缩聚活性铽配合物的合成、表征及其性质. 化学试剂，3：5-8.

周忠诚，阮建明，邹俭鹏，等. 2006. 铽与苯甲酸及其衍生物配合物的合成与发光特性. 发光学报，27（4）：571-575.

实验五十　液相合成法制备红色荧光粉

一、实验目的

（1）了解三基色荧光粉的用途及红色荧光粉的质量要求。

（2）掌握液相合成法制备红色荧光粉的基本操作。

二、实验原理

20 世纪 50 年代 Barnes 发现人眼对 445nm（蓝）、545nm（绿）、610nm（红）三种波长产生的色感最大。人的视觉颜色的任何一种都可由红、绿、蓝三种颜色的光组合，换言之，任何一种颜色都可由这三种基色按一定比例组合而成。20 世纪 70 年代，荷兰科学家理论上计算出，若能合成这三种光谱带波长的荧光粉，即可制得高光效和高显色性的荧光粉。1974 年荷兰菲利浦公司合成了稀土铝酸盐蓝、绿粉和 Y_2O_3∶Eu 红粉，并制得了三基色节能荧光灯。此外，Y_2O_3∶Eu 红粉还是一种优良的阳极射线材料，广泛用于彩电显像管、计算机显示屏和大屏幕彩色等离子显示板（PDP）。

红粉的制备一般采用固相混合法和化合法（液相化合法），前者以 Y_2O_3 和 Eu_2O_3 为原料，加入适量助剂，然后一起研磨均匀，将混合料放入坩埚中，在高温下灼烧，再洗涤筛选制得。化合法是将 Y_2O_3 和 Eu_2O_3 溶于无机酸中，然后用草酸沉淀成草酸盐，再高温分解成氧化物。两种方法相比，化合法具有粒度均匀、亮度高、杂质少等优点。

红色荧光粉的制备过程对杂质如 CaO、Fe_2O_3、PbO、Cl^-等非稀土物质以及 Ce、Nd 等稀土元素的含量有严格要求，如 CaO＜7ppm，Fe_2O_3＜5ppm，PbO＜5ppm，而 Ce 则要求小于 1ppm，否则降低荧光粉的亮度，甚至产生猝灭。此外，不同用途的红色荧光粉的粒度也有不同的要求，如灯用荧光粉一般要求粒径为 4～6μm。

稀土元素共有 15 种，这 15 种元素是伴生在一起的，如果把它们分开必须采用萃取的方法。北京大学徐光宪教授的萃取理论是在国际领先的。现在工厂普遍采用这个方法。目前，红色荧光粉的液相合成法是在萃取时把已经分离好的 Y 和 Eu 元素按照一定的比例配制在一起，通常 Eu 元素占总稀土元素的 4%～8%。

三、仪器与试剂

仪器：磁力搅拌器、烘箱、马弗炉、激光粒度分析仪、真空抽滤装置、酸度计、布氏漏斗等。

试剂：Y_2O_3（荧光级）、Eu_2O_3（荧光级）、盐酸（分析纯）、过氧化氢（分析纯）、草酸（分析纯）、氨水、去离子水等。

四、实验步骤

1. 荧光生粉合成

将 Y_2O_3 和 Eu_2O_3 按一定比例混合（本实验控制 Y_2O_3∶Eu_2O_3 = 6%），用去离子水调成浆，逐渐加入浓硝酸使其溶解，用 1∶4（体积比）硝酸和氨水调节 pH = 2，加热至 60℃左右，在搅拌下加入 20%热的草酸溶液，沉淀，在布氏漏斗中过滤并用热（60℃）去离子水洗涤沉淀 5～6 次，在 110℃下烘干，于 900℃马弗炉中焙烧 2h 即制得红色荧光生粉。

2. 荧光生粉分析

将合成的荧光生粉进行荧光光谱分析和粒度测试。

五、实验结果

（1）粒度测定：将合成的荧光粉用激光粒度分析仪测定其粒度分布情况。

（2）荧光性能测定：利用荧光光谱仪测定荧光粉的激发波长和发射波长，半定量地测定某一发射峰的光强度。

六、注意事项

（1）不要用手或皮肤直接接触溶液或试剂。

（2）严格遵守激光粒度分析仪和荧光光谱仪的操作规程。

（3）由于原料已经按照比例配好，本实验铕元素占 4.8%，根据工厂的实际情况这里的硝酸改成了盐酸，实验过程注意控制产品中的氯含量。

（4）称取 1～2g 固体稀土（Y + Eu）用去离子水调成浆，在烧杯中用 50%的盐酸溶解，注意搅拌，加酸时需要慢慢加入，如果不能全部溶解则加热或者滴加一滴过氧化氢。

（5）按照稀土∶草酸为 1∶2 加入草酸，注意这里的草酸应该先用水溶解。搅拌沉淀出草酸稀土，在布氏漏斗中过滤并用热（60℃）去离子水洗涤 3～6 次。

（6）过滤沉淀，在 110℃下烘干，于 900℃马弗炉中灼烧 2h 即制得红色荧光生粉。

七、思考与讨论

（1）制备过程中为什么需用去离子水洗涤及调浆？

（2）稀土氧化物溶解时，为什么要尽可能地除去过量的盐酸？

（3）粒度在实验中如何控制？

（4）如何确保在合成中不引入其他杂质？

八、参考文献

乔彬，张中太，唐子龙. 2003. Eu^{2+}，Mn^{2+}共激活碱土镁硅酸盐基红色荧光粉的发光性能. 中国稀土学报，21（2）：192-195.

徐光宪. 1995. 稀土. 北京：冶金工业出版社.

杨志平，李兴民，杨勇，等. 2006. 共沉淀法制备 Y_2O_2S，Eu^{3+}，Mg^{2+}，Ti^{4+}红色长余辉材料. 发光学报，27（2）：187-190.

实验五十一　碳酸稀土的形成与结晶

一、实验目的

（1）了解碳酸稀土的形成过程。

（2）掌握碳酸稀土的结晶方法。

二、实验原理

碳酸氢铵与稀土的沉淀反应是复杂的，在稀土溶液中慢慢加入碳酸氢铵溶液时，随着碳酸氢铵用量的增加，pH 的变化曲线将呈现多个转折，说明反应是分步进行的，在不同的 pH 范围沉淀现象有着明显的差别。当稀土溶液（高浓度）在 pH 升到 4.4 左右时稀土沉淀下来，而此时所得到的稀土碳酸盐是无定形的，这属于动力学稳定状态。但在适宜的条件下可以实现由无定形沉淀向晶形化沉淀转化，在生产中可利用沉淀的转化特征得到过滤性能好、纯度高的晶形稀土产品。

三、仪器与试剂

仪器：磁力搅拌器、pHS-3C 型酸度计、激光粒度分析仪、容量瓶（100mL）、烧杯（450mL）、移液管（5mL 和 10mL）、酸式滴定管、量筒（100mL）、锥形瓶、搅拌磁子等。

试剂：盐酸，碳酸氢铵，过氧化氢，La、Ce、Pr 氯化稀土试样，去离子水等。

四、实验步骤

（1）配制 10%～15%的碳酸氢铵溶液 200mL。

（2）配制 La、Ce、Pr 溶液并精确测定其浓度（g/L）和酸度。

（3）把 pHS-3C 型酸度计和磁力搅拌器并排放在一个水平位置上，先打开酸度计开关用标准样校对。

（4）准确量取 50mL 稀土溶液，倒入 450mL 已洗净的烧杯中，加入搅拌磁子。然后把烧杯放在磁力搅拌器上，将已洗净的酸度计复合电极浸入烧杯中，开启慢速开关进入实验，每相隔 5min 用移液管精确加碳酸氢铵溶液 5mL（加入的碳酸氢铵总量为稀土金属量的 2 倍），直至加完。仔细观察反应时所出现的现象和 pH 的变化，详细记录。

五、实验结果

（1）绘出 pH 随时间的变化曲线图。

（2）列出碳酸氢铵和稀土溶液反应时的现象与 pH 的对应关系。

（3）碳酸稀土经过滤灼烧后用激光粒度分析仪进行粒度分析。

（4）解释、讨论实验现象。

六、注意事项

（1）使用酸度计时一定要先校正。

（2）操作盐酸时务必佩戴手套和护目镜。

七、思考与讨论

（1）探讨碳酸稀土结晶化机理。

（2）pH 对结晶过程有哪些影响？

八、参考文献

柳松，马荣骏，李先柏. 1995. 晶型稀土碳酸盐的制备及其在提取稀土中的应用. 稀有金属与硬质合金，（1）：24-27.

Nagashima K，Wakita H，Mochizuki A. 1973. The synthesis of crystalline rare earth carbonate. Bulletin of Chemical Society of Japan，46：152.

实验五十二　稀土发光材料 YVO_4 的合成与荧光性能测试

一、实验目的

（1）掌握用共沉淀法制备稀土发光材料 YVO_4 ∶ Eu^{3+}。

（2）了解 YVO_4 ∶ Eu^{3+}发光材料的表征方法，掌握荧光光谱的操作方法。

二、实验原理

自从 20 世纪 70 年代稀土发光材料商品化以来，稀土发光材料已成为发光材料研究的热点。稀土发光材料的合成进展关乎发光材料的发展，为了得到性能优良的光学材料，人们对其合成工艺技术一直进行着不断的探索。稀土发光材料的制备方法有很多，气相、液相、固相都可以合成，但目前使用的制造方法主要有溶胶-凝胶法、共沉淀法、微波合成法、水热法、燃烧合成法、高温固相合成法等。本实验将主要采用共沉淀法制备具有一定形貌的稀土发光材料 YVO_4 ∶ Eu^{3+}。

沉淀法是指原料溶液中添加适当的沉淀剂或使原料发生水解，使得原料溶液中的阳离子形成各种形式的沉淀物，然后再经过滤、洗涤、干燥，有时还需加热分解等工艺过程而得到所需的纳米粉体。常用的化学沉淀法可分为均相沉淀法、共沉淀法、金属醇盐水解沉淀法等。本实验就是利用共沉淀法制备纳米棒状形貌的 YVO_4 ∶ Eu^{3+}稀土发光材料。共沉淀法是指在溶液中含有两种或多种阳离子，它们以均相存在溶液中，加入沉淀剂，经沉淀反应后可得到各种成分均一的沉淀，它是制备含有两种或两种以上金属元素的复合氧化物超细粉体的重要方法。化学共沉淀作为一种液相手段可以在分子尺度上均匀混合各组分，在硼酸盐、铝酸盐、稀土钒酸盐等荧光粉合成中具有一定优势。

采用共沉淀法制备稀土发光材料纳米棒 YVO_4 ∶ Eu^{3+}的主要原理是，以 $Y(NO_3)_3$ 和 $NaVO_3$ 作为反应物，$Eu(NO_3)_3$ 作为掺杂物，在一定条件下合成白色沉淀 YVO_4 ∶ Eu^{3+}纳米发光粉体，其颗粒为一维棒状形貌，直径为 60～100nm，长度为 200～400nm。在合成过程中，反应温度、pH 控制等条件影响合成 YVO_4 ∶ Eu^{3+}纳米发光粉体的颗粒形貌、粒径、发光亮度等。

三、仪器与试剂

仪器：荧光光谱仪、电子天平、磁力搅拌器、烘箱、烧杯、离心机、分液漏斗、漏斗、量筒、研钵等。

试剂：氧化钇、氧化铕、五氧化二钒、浓硝酸、氢氧化钠、蒸馏水等。

四、实验步骤

1. 配制 $NaVO_3$ 溶液

准确称取 0.7g 固体氢氧化钠后转移至 100mL 洁净的烧杯中，加入 30mL 去离子水，再慢慢加入已准确称量的 0.6g V_2O_5 固体，加热（约 60℃）搅拌，至橘红色固体完全溶解为透明溶液后，冷却过滤得到澄清溶液。将滤液用去离子水稀释至 200mL。

2. 配制 $Y(NO_3)_3$ 和 $Eu(NO_3)_3$ 混合溶液

准确称取 0.45g Y_2O_3 和 0.35g Eu_2O_3 固体放入烧杯中，加入 2mL 去离子水，滴加浓硝酸 3～4mL，加热到约 60℃，持续搅拌至白色固体全部溶解时，蒸发溶液至 1mL 左右，使多余的硝酸挥发掉。冷却后，将滤液稀释成 200mL 溶液，用精密 pH 试纸测溶液的 pH（约为 2）。

3. 两溶液反应

将已配制好的 200mL $NaVO_3$ 溶液转移至 500mL 烧杯中，加热磁力搅拌。再将已配制好的 200mL $Y(NO_3)_3$ 和 $Eu(NO_3)_3$ 混合溶液转移至洁净的分液漏斗中。待烧杯中的 $NaVO_3$ 溶液加热至目标温度（80℃）时，开始慢慢滴加分液漏斗中的溶液，速度为 1～2 滴/s，检测溶液 pH 的变化。当溶液 pH 接近 7 时，滴加适量氢氧化钠溶液，调溶液 pH 约为 10，每次滴加的氢氧化钠不超过 0.1g。恒温滴加完成后，停止加热，自然冷却。静置沉淀后，倒掉上层清液，用去离子水洗涤两次，后离心获得沉淀，置于烘箱中 120℃烘干 2h 后取出、研磨、装样、称量。采用荧光光谱仪测试其发光性能。荧光光谱峰越高表明制备材料的荧光性能越好。

五、实验结果

（1）YVO_4 产率计算 = 初始使用 Y_2O_3 中 Y 的物质的量/产物 YVO_4 中 Y 的物质的量×100%。

（2）计算 Eu 的掺杂量。

（3）绘制样品的荧光光谱图，标记最强发射峰的位置。

六、注意事项

（1）不要用手或皮肤直接接触溶液或试剂。

（2）使用浓硝酸时必须戴手套，并在通风橱中进行。

（3）在荧光光谱仪使用过程中，严禁将溶液或粉体散落在光谱仪中。

七、思考与讨论

（1）YVO_4：Eu^{3+}稀土发光材料的颗粒尺寸与其荧光光谱有怎样的内在联系？

（2）YVO_4：Eu^{3+}稀土发光材料中 Eu 的掺杂量能否一直增加？为什么？

（3）稀土发光材料的合成目前使用最多的方法主要有哪些？本实验是采用什么合成方法制备产品的？

（4）Eu 掺杂量对其荧光光谱有什么样的影响？

八、参考文献

何志海，何志梅. 2008. 纳米 YVO_4：Eu 发光材料的制备技术综述. 科技资讯，（8）：6.

王念，陈文，周静，等. 2007. YVO_4：Eu 纳米棒的合成及其磁性能研究. 陶瓷学报，28（2）：82-83.

实验五十三 镧掺杂二氧化钛的合成及有机染料降解测试

一、实验目的

（1）掌握水热法合成稀土元素掺杂二氧化钛的方法。

（2）掌握光化学降解有机染料的实验方法。

（3）了解光化学降解有机染料的原理。

二、实验原理

二氧化钛有合适的禁带宽度，在光催化体系中有较好的稳定性，是一种较为理想的半导体光催化剂，近年来，在太阳能转换和储存、二氧化碳还原和有害复杂有机物降解等方面都引起了广泛的研究兴趣。其中，稀土金属核外电子和轨道多，掺杂进入二氧化钛的晶格，更容易影响其电子结构，进而改变其催化性能。

当用能量等于或大于禁带宽度的光照射镧纳米掺杂二氧化钛时，会产生电子-空穴对。产生的空穴可以在二氧化钛颗粒表面发生如下反应：

$$h^{+} + OH \longrightarrow \cdot OH^{+}$$

$$h^{+} + H_2O \longrightarrow \cdot OH + H^{+}$$

电子可以与表面吸附的氧分子发生如下反应：

$$e^{-} + O_2 \longrightarrow \cdot O_2^{-}$$

$$\cdot O_2^{-} + H_2O \longrightarrow \cdot OOH + OH^{-}$$

$$2\cdot OOH \longrightarrow O_2 + H_2O_2$$

$$\cdot OOH + H_2O + e^{-} \longrightarrow H_2O_2 + OH^{-}$$

$$H_2O_2 + e^{-} \longrightarrow OH + OH^{-}$$

生成的羟基自由基（$\cdot OH$）、超氧离子自由基（$\cdot O_2^{-}$）都是氧化性很强的自由基，可以将有机物氧化，并将其最终降解为二氧化碳和水，从而达到处理有机染料污水的目的。

三、仪器与试剂

仪器：磁力搅拌器、烧杯、量筒、烘箱、紫外-可见分光光度计、氙灯等。

试剂：四氯化钛、氨水、甲基橙、硝酸镧、盐酸、亚甲基蓝、去离子水等。

四、实验过程

1. 样品制备

（1）将硝酸镧溶于盐酸（3mol/L）。

（2）按一定比例量取四氯化钛溶液和镧离子水溶液混合。

（3）磁力搅拌，逐渐滴加氨水，让四氯化钛水解，最后至溶液呈碱性，pH 控制在 8～9。沉淀完全，静置 4h 后进行抽滤，并用去离子水洗涤至无氯离子存在。

（4）在 120℃的烘箱中烘干并研磨，称量装袋，即获得镧掺杂二氧化钛样品。

2. 有机染料光分解测试

配制 2×10^{-5}mol/L 亚甲基蓝溶液进行测试。首先将 50mg 的样品加入 100mL 的浓度为 2×10^{-5}mol/L 亚甲基蓝溶液中，并在暗室搅拌 30min 使其达到吸附平衡。然后在光辐照下搅拌降解，每间隔 5min 取 5mL 悬浮液，将其高速离心后采用紫外-可见分光光度计测试溶液中亚甲基蓝的浓度。光源采用 300W 氙灯。

五、实验结果

（1）获得亚甲基蓝浓度随光照时间变化的曲线。

（2）绘制反应动力学曲线，并根据一级反应动力学计算反应速率常数。

六、注意事项

（1）不要用眼睛直视氙灯。

（2）严格按照规程操作紫外-可见分光光度计。

七、思考与讨论

（1）光降解过程中，环境温度是否对降解速率有影响？

（2）如果采用滤波片去除紫外光，光降解性能如何变化？为什么？

（3）镧的掺杂量对二氧化钛的性能有怎样的影响？是否量越大越好？

八、参考文献

白爱民，邹欣平，杨水金. 2005. 镧掺杂二氧化钛光催化降解品红溶液的研究. 稀有金属，29（4）：549-552.

孙玉玲，张玮，孙翠华，等. 2011. 镧掺杂纳米二氧化钛处理印染废水. 科学技术与工程，11（7）：1628-1634.

实验五十四　PMMA 有序小球制备有序大孔 CeO_2

一、实验目的

（1）掌握 PMMA 有序小球的制备。

（2）掌握有序大孔 CeO_2 的制备，熟练运用实验仪器。

（3）了解模板法制备催化剂的实验原理。

二、实验原理

在过去的几十年中，大表面积的多孔材料由于不仅在外表面而且在材料的内表面上与分子、离子和原子之间相互作用的能力，已经引起了科学界和科技界相当大的关注。具有大表面积的多孔有序的金属氧化物已经被广泛用作非均相催化剂。通常多孔金属氧化物材料可根据孔径分为三类：微孔（孔径＜2nm）；中孔（2nm≤孔径≤50nm）和大孔（孔径＞50nm）。合成具有有序结构的新型多孔金属氧化物在广泛的应用领域取得了实质性进展。在各种改进的合成中，最常用的方法是模板法。模板法是对晶体的形貌和尺寸进行控制的一类重要方法，根据模板自身的特点和限域能力的不同分为硬模板法和软模板法。软模板主要包括两亲分子形成的各种有序聚合物，如液晶、胶团、微乳状液、囊泡、LB 膜、自组装膜等，以及高分子的自组织结构和生物大分子等。软模板的主要特点有：①由于软模板大多是两亲分子形成的有序聚集体，它们的最大特点是在模拟生物矿化方面有绝对的优势；②软模板的形状具有多样性；③软模板一般都很容易构筑，不需要复杂的设备。尽管软模板法并不能总是严格控制产物的尺寸和形状，但由于具有方法简单、操作方便、成本低廉等优点而引起了人们广泛的重视。而硬模板法是指将某种无机金属前驱体引入硬模板孔道中，然后经焙烧在纳米孔道中生成氧化物晶体，去除硬模板后制备出相应的介孔材料。理想情况下所得材料可保持原来模板的孔道形貌。其需要满足的条件有：①为了得到稳定的复制物，硬模板剂必须具有三维孔道；②将金属前驱体浸渍后，前驱体应很容易转化为被氧气氧化的物体，且孔容收缩量要小；③硬模板剂易除去；④硬模板剂有可控的形态结构；⑤硬模板剂高度有序且热稳定性好。获得的有序多孔金属氧化物材料的孔尺寸和结构设计依赖于起始模板，使得能够制备出具有可调节孔径的有序金属纳米结构。

用胶体晶体硬模板法已成功制备出三维有序大孔材料，该种材料不但具有孔径尺寸单一、孔结构在三维空间内有序排列的特点，而且其孔径尺寸都在 50nm 以上（最大可达几个微米），可用于大分子的催化，弥补了以往小孔结构的分子筛及介孔材料难以让大分子进入空腔的缺点，可广泛应用在催化剂载体、过滤及分离材料、电池和热阻材料等领域。自此，最常用于制备三维大孔金属氧化物的是使用胶态晶体作为硬模板和液态金属的醇盐基溶胶-醇盐、硝酸盐或乙酸盐作为金属源，然后焙烧或萃取以除去模板。胶体晶体硬模板法主要包括以下几个步骤：

（1）制备单分散微球，并排列成有序的晶胶模板。

（2）在模板间隙内填充所需目标产物的前驱体。

（3）除去多余的前驱体并干燥。

（4）去掉模板得到所需的三维有序大孔产物。

三、仪器与试剂

仪器：分析天平、量筒、烧杯、三口烧瓶、油浴锅、冷凝管、胶头滴管、玻璃棒、恒温水浴锅、离心机、抽滤瓶、超声波清洗机、瓷舟、管式炉、马弗炉等。

试剂：甲基丙烯酸甲酯、过硫酸钾、硝酸铈、乙醇、去离子水等。

四、实验步骤

1. PMMA 有序小球的制备

采用无皂乳液聚合法合成 PMMA 有序小球，然后以恒温悬浮成膜法获得 PMMA 硬模板。具体实验操作步骤如下：在磁力搅拌下，油浴锅温度为 70℃，将 650mL 去离子水倒入体积为 1000mL、上端接有冷凝管的三口烧瓶中（冷凝管另一端接有导管，导管出口由 30%乙醇溶液进行液封），利用玻璃导管将氮气通到反应液面下。氮气流量约为 60mL/min，通气时间为 40min。量取 55mL 甲基丙烯酸甲酯加入上述水溶液中，继续搅拌，通入氮气 10min。称取 0.2g 过硫酸钾溶于 25mL 温度为 70℃的去离子水中，待溶解完全后，将其加入上述反应液中，继续反应 40min，关注反应进度，用玻璃棒蘸取少许溶液，微干后观察其颜色，反应液呈绿色或淡粉色后停止反应。将所得乳浊液倾入装有 750mL 去离子水的烧杯中稀释，在烧杯外加冰冷却至室温，放置 6h。对所得乳浊液进行离心操作，除去其中的无机盐离子，在 5000r/min 转速下进行离心时需要大约 50min。弃去上清液，留取离心管中固体。将上述固体与一定去离子水进行充分混合，制成 PMMA 的乳液。超声处理 30min 使 PMMA 小球均匀分散开。将上述乳液倒入 10mL 烧杯中，然后将各烧杯置于 80℃的恒温水浴锅中加热蒸干，即得到 PMMA 有序小球硬模板。

2. 有序大孔 CeO_2 的制备

将 4.34g 硝酸铈溶解在 10g 40%乙醇溶液中，加入上述制备的 PMMA 有序小球硬模板 2g。浸渍 4h 后抽滤，室温干燥 24h。将上述样品置于瓷舟，放入管式炉氮气气氛焙烧（300℃、2h、升温速率为 1℃/min），焙烧后冷却至室温。上述焙烧后样品放入马弗炉空气气氛焙烧（550℃、5h、升温速率为1℃/min），除去模板，焙烧后冷却至室温制得有序大孔 CeO_2。

五、实验结果

将反应后收集的样品进行称量，记录数据。

六、注意事项

（1）PMMA 有序小球制备过程中保持无氧环境，控温要准确，反应时间做好记录，时刻关注反应过程。

（2）有序大孔 CeO_2 制备时抽滤时间不可过久。

七、思考与讨论

（1）叙述软模板与硬模板的区别及各自优缺点。

（2）探讨有序大孔 CeO_2 制备中两步焙烧的目的。

（3）查找其他模板剂及其相关应用。

（4）查找其他有序介孔材料的制备方法。

八、参考文献

Li H，Zhang L，Dai H，et al. 2009. Facile synthesis and unique physicochemical properties of three-dimensionally ordered macroporous magnesium oxide，gamma-alumina，and ceria-zirconia solid solutions with crystalline mesoporous walls. Inorganic Chemistry，48（10）：4421-4434.

Liu Y，Dai H，Deng J，et al. 2012. Three-dimensional ordered macroporous bismuth vanadates：PMMA-templating fabrication and excellent visible light-driven photocatalytic performance for phenol degradation. Nanoscale，4（7）：2317-2325.